和利时 LK 系列 PLC 原理及工程应用

方 垒 主 编

天津大学出版社
TIANJIN UNIVERSITY PRESS

图书在版编目（ＣＩＰ）数据

和利时LK系列PLC原理及工程应用 / 方垒主编. --
天津 : 天津大学出版社, 2023.10（2024.8重印）
ISBN 978-7-5618-7613-8

Ⅰ. ①和⋯ Ⅱ. ①方⋯ Ⅲ. ①PLC技术 Ⅳ.
①TM571.61

中国国家版本馆CIP数据核字(2023)第199994号

HELISHI LK XILIE PLC YUANLI JI GONGCHENG
YINGYONG

出版发行	天津大学出版社
地 址	天津市卫津路92号天津大学内（邮编：300072）
电 话	发行部：022-27403647
网 址	www.tjupress.com.cn
印 刷	北京虎彩文化传播有限公司
经 销	全国各地新华书店
开 本	787 mm×1092 mm 1/16
印 张	12.25
字 数	292千
版 次	2023年10月第1版
印 次	2024年8月第2次
定 价	50.00元

本书编委会

主　编：方　垒

副主编：高　山　贵振方　李银川

　　　　　刘丽娜　孙行衍

前　言

　　《"十四五"智能制造发展规划》中提出了我国智能制造"两步走"战略，即到 2025 年，规模以上制造业企业大部分实现数字化网络化，重点行业骨干企业初步应用智能化；到 2035 年，规模以上制造业企业全面普及数字化网络化，重点行业骨干企业基本实现智能化。PLC 作为工业数字化、智能化的基石，其对智能制造发展战略的作用不言而喻。和利时科技集团作为我国工控行业自动化系统解决方案主力供应商，其 LK 系列大型可编程控制器日益成为国产化工控设备的首选机型，市场占有份额不断增大。本书由和利时集团与东北石油大学校企合作撰写，是双方在科研、专业教学、实验室建设、人才培养等方面开展全面合作的结晶。

　　为了使读者能够更好地掌握相关知识，学会和利时 LK 系列 PLC 的使用方法，我们将高校教学经验与企业工程经验相结合，配合哔哩哔哩（B 站）视频资源，立体化展现 PLC 的工作原理、编程语言及工程应用。本书在指令系统部分给出了较多小型实例，意在帮助读者理解用法，在此基础上通过典型控制系统应用案例提高读者解决实际工程问题的能力。

　　本书共 5 章，图文并茂地讲述了和利时 LK 系列 PLC 及其硬件系统、软件指令系统、网络结构及通信、控制系统案例应用，所有实例均源于实际工程案例，具有很强的工程应用指导作用。本书可作为高等院校自动化、电气工程及其自动化、机械设计及其自动化等专业的教材或参考书，也可供自动化工程技术人员自学及培训使用。

　　由于作者水平有限，书中难免有错误及疏忽之处，恳请读者批评指正。

编者

2022 年 6 月

目　　录

第1章　可编程控制器概述 ……………………………………………………… 1

1.1　PLC 的概述 ………………………………………………………………… 1

1.1.1　PLC 的产生、发展及未来发展趋势 ………………………………… 1

1.1.2　PLC 的特点与分类 …………………………………………………… 5

1.2　PLC 的组成和原理 ………………………………………………………… 7

1.2.1　PLC 的基本结构 ……………………………………………………… 7

1.2.2　PLC 的工作原理 ……………………………………………………… 10

1.2.3　PLC 的编程语言 ……………………………………………………… 11

1.3　和利时 PLC 介绍 …………………………………………………………… 16

1.3.1　和利时 PLC 产品家族 ………………………………………………… 16

1.3.2　和利时 PLC 产品类型 ………………………………………………… 17

【本章小结】 …………………………………………………………………… 26

第2章　和利时 LK 系列 PLC 硬件系统 ……………………………………… 27

2.1　LK 系列主控单元 …………………………………………………………… 27

2.1.1　主控背板 ……………………………………………………………… 27

2.1.2　电源模块 ……………………………………………………………… 28

2.1.3　控制器模块 …………………………………………………………… 28

2.1.4　通信模块 ……………………………………………………………… 29

2.2　LK 系列 I/O 单元 …………………………………………………………… 32

2.2.1　扩展背板 ……………………………………………………………… 32

2.2.2　通信接口模块 ………………………………………………………… 33

2.2.3　I/O 模块 ……………………………………………………………… 37

2.3　LK 系列硬件选型配置 ……………………………………………………… 47

2.3.1　LK210 系列 PLC 硬件配置 …………………………………………… 48

2.3.2　LK220 系列单机 PLC 硬件配置 ……………………………………… 49

2.3.3　LK220 系列冗余 PLC 硬件配置 ……………………………………… 52

2.4　LK 系列硬件组态应用 ……………………………………………………… 56

【本章小结】 …………………………………………………………………… 60

第3章　和利时 LK 系列 PLC 指令系统 ……………………………………… 61

3.1　操作数及数据类型 ………………………………………………………… 61

3.1.1　常量 …………………………………………………………………… 61

3.1.2　变量 …………………………………………………………………… 62

　　　3.1.3　地址 ··· 62

　　　3.1.4　数据类型 ··· 63

　3.2　基本指令及场景应用 ·· 65

　　　3.2.1　数学运算指令 ·· 65

　　　3.2.2　逻辑运算指令 ·· 73

　　　3.2.3　比较运算指令 ·· 76

　　　3.2.4　选择运算指令 ·· 81

　　　3.2.5　移位运算指令 ·· 86

　　　3.2.6　数据类型转换指令 ·· 90

　　　3.2.7　地址运算指令 ·· 97

　　　3.2.8　沿触发器指令 ·· 98

　　　3.2.9　双稳态指令 ·· 100

　　　3.2.10　计数器指令 ··· 102

　　　3.2.11　定时器指令 ··· 105

　　　3.2.12　PID 控制器指令 ·· 110

　　　3.2.13　模拟量处理指令 ··· 113

　3.3　通信指令及应用 ··· 116

　　　3.3.1　COMM_SEND——自由协议通信数据发送 ··············· 117

　　　3.3.2　MODBUS_MASTER——MODBUS_RTU 主站通信 ······· 119

　　　3.3.3　GENERATE_CRC——CRC 校验计算 ······················· 121

【本章小结】 ·· 123

第 4 章　和利时 LK 系列 PLC 网络结构及通信 ······················· 124

　4.1　LK 系列 PLC 结构体系 ·· 124

　　　4.1.1　LK210 系列网络结构及配置 ································· 124

　　　4.1.2　LK220 系列网络结构及配置 ································· 125

　4.2　LK 系列 PLC 冗余系统 ·· 130

　　　4.2.1　LK 系列单机架冗余 ·· 130

　　　4.2.2　LK 系列双机架冗余 ·· 130

　　　4.2.3　冗余机制 ··· 131

　4.3　LK 系列 PLC 通信 ··· 132

　　　4.3.1　Modbus TCP 通信配置 ······································ 132

　　　4.3.2　Modbus RTU 通信配置 ······································ 137

　　　4.3.3　DP 通信配置 ·· 141

【本章小结】 ·· 147

第 5 章　和利时 LK 系列 PLC 控制系统案例应用 ····················· 148

　5.1　甲醇灌装系统 PLC 控制 ··· 148

　　　5.1.1　控制要求 ··· 148

　　5.1.2　I/O 信号及 I/O 编址 ……………………………………… 149

　　5.1.3　控制程序设计 ……………………………………………… 149

5.2　供水系统粗格栅的 PLC 自动控制 ………………………………… 155

　　5.2.1　控制要求 …………………………………………………… 155

　　5.2.2　I/O 信号及 I/O 编址 ……………………………………… 157

　　5.2.3　控制程序设计 ……………………………………………… 157

5.3　可燃气体检测报警及强制排风系统 PLC 控制 …………………… 165

　　5.3.1　控制要求 …………………………………………………… 165

　　5.3.2　I/O 信号及 I/O 编址 ……………………………………… 166

　　5.3.3　控制程序设计 ……………………………………………… 166

5.4　锅炉汽包水位单冲量控制 …………………………………………… 175

　　5.4.1　控制要求 …………………………………………………… 175

　　5.4.2　I/O 信号及 I/O 编址 ……………………………………… 176

　　5.4.3　控制程序设计 ……………………………………………… 176

【本章小结】 ……………………………………………………………… 182

参考文献 …………………………………………………………………… 183

第 1 章　可编程控制器概述

1.1　PLC 的概述

可编程控制器(Programmable Logical Controller，PLC)，是目前在工业控制上广泛应用的一种自动控制装置,它集计算机、控制、通信、信号处理等技术于一体,可为不同工业领域的用户提供不同的解决方案,被广泛应用于高铁、核电、化工、医疗、机械制造等行业。

从 20 世纪 60 年代末第一台 PLC 问世以来,它主要是用来代替继电器的逻辑控制来实现可编程逻辑控制的。随着微电子技术,如大规模和超大型集成电路的发展,由微处理器组成的 PLC 已超出了逻辑控制的范围,从而大大提高了 PLC 的性能。现代 PLC 具有数据处理、通信和网络功能,控制功能更多,运行速度更快,体积更小,可靠性更高,编程和故障检测更加灵活。

为规范 PLC 的表述，1987 年国际电工委员会颁布的可编程控制器标准草案中对可编程控制器定义为：“PLC 是一种为工业应用而设计的数字运算操作的电子设备。该系统使用能够编写程序的存储器,在内部存储执行不同操作的指令,并且能够通过数字或模拟的方式进行各种机器或制造工艺的控制。”[1] 从上述 PLC 定义可以看出：①PLC 实质是一种工业计算机；②PLC 由程序来确定控制功能；③PLC 的功能可扩展性很强。随着计算机和互联网技术的快速发展以及人工智能的普及,未来 PLC 会向运算速度快、存储容量大、网络规模大和智能化程度高的方向发展。

1.1.1　PLC 的产生、发展及未来发展趋势

1.1.1.1　PLC 的产生

20 世纪 60 年代,应用于汽车中的控制系统主要包括继电器控制装置,这类控制系统存在许多缺点,主要表现在:体积大,耗电量大;可靠性低,运转速度慢;不能适应复杂的生产工艺系统;系统设计、制作周期较长,维修难度大,没有运算、处理、通信等功能,难以满足复杂的控制需求。以上种种缺点,使汽车的每次更新都需要对继电器控制装置进行再设计和安装,不仅费时、费工、费料,而且还影响更新的周期。为解决以上问题，1969 年,美国通用汽车公司公开招标,提出了设计一个新的控制装置的设想,设想的核心内容是将计算机和继电器的优点融入新的控制装置,以此来取代传统的继电器控制装置,并制定了 10 项公开招标的指标要求 [2]。

（1）在用户的工厂内,可以快速、便捷地编程所控制的软硬件及装置,并在最少的中断时间内完成程式的再设计。

（2）所有的系统部件都能在不需要任何特别支持的情况下，在设备、硬件上运行。

（3）系统的维护必须简单易行。为了在最短的时间内实现简单的维护与故障诊断，在系统中应该设置状态指示和插入模块。

（4）装置的体积应该比原来的继电器控制装置小，并且其能量消耗也应较小。

（5）要对装置的工作状况和操作状况进行监测。这就需要与中心数据采集和处理系统进行通信。

（6）开关量输入可以是已有的标准控制系统的按钮和限位开关的交流 115 V 电压信号。

（7）输出的驱动信号必须能驱动电动机启动器和电磁阀线圈，并且每一个输出功率都可以用于 115 V、2 A 以下的负载设备，使其能够持续地工作。

（8）设备具有灵活的可扩展性，在扩展过程中，应能使系统的变化最小、转换和停顿时间最短，以及将原有设备的配置最大化。

（9）与原有的继电器控制及固态逻辑控制系统相比，其性价比更高。

（10）至少有 4 KB 的用户存储量。

美国数字设备公司（DEC）赢得了这次竞标，于同年 6 月开发出第一台 PLC（PDP-14），并在美国通用汽车的自动化生产线上进行了试验，取得了良好的效果。与此同时，美国信息仪表公司（3-I）也推出了 PDQ-II 控制器。随后美国人迪克莫利领衔的贝德福德（Bedford）小组发明了 Modicon M084 PLC。相比于 DEC 的 PDP-14 和 3-I 的 PDQ-II，Modicon M084 PLC 凭借优良的操作性能和工程师易理解的梯形图编程方式而大获成功。从此，PLC 技术迅速在世界各国得到推广应用。

1.1.1.2　PLC 的发展历程

初期的 PLC 仅具有一些顺序控制的功能（如逻辑运算、定时、计数等），主要用于替代传统的继电器控制装置。它是以"准计算机"的形式在硬件上进行的，为了适应工业控制的要求，对 I/O（输入 / 输出）接口进行了改进。此装置中的大部分器件为分立元件和中小型集成电路，并且使用了磁芯存储器。同时，为提高系统的抗干扰性能，提出了相应的改进措施。在程序设计方面，它采用了与电气工程师所熟知的继电器控制电路方法相似的梯形图编程方式，因而在性能上，早期的 PLC 较传统的继电器控制装置具有易于理解、体积小、功耗低、故障显示等特点。其中，梯形图语言是 PLC 的一种独特的编程语言，至今仍在使用。

微电子技术与计算机技术的迅速发展使微处理器技术在 20 世纪 70 年代中期开始应用于 PLC，使 PLC 性能得到了极大的提高。在软件上，它在保留原来的顺序控制的功能之外，还加入了算术运算、数据处理、网络通信和自诊断等功能。在硬件上，它额外增加了模拟量模块和 I/O 模块、各种特殊功能模块，扩大了存储器的容量，还提供了一定数量的数据寄存器。

20 世纪 80 年代后，随着 VLSI（超大规模集成电路）技术的飞速发展，16 或 32 位单片机在 PLC 中的应用使得 PLC 在性能上有了很大的提高，不但控制能力提高了，可靠性得到了改善，功耗和体积减小了，成本变低了，程序和故障检测变得更加灵活便捷，而且具备通信联网、数据处理和图像显示等功能。至此，PLC 已真正成为集逻辑控制、过程控制、运动控制、数据处理、网络通信于一体的多功能控制器。

　　具体来说，PLC 的发展可分为四个阶段，如图 1.1 所示，分别为结构定型阶段、普及阶段、高性能与小型化阶段和高性能与网络化阶段。

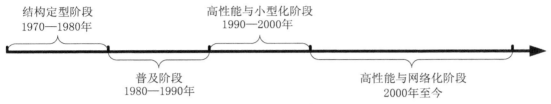

图 1.1　PLC 的四个发展阶段

1. 结构定型阶段(1970—1980 年)

随着 PLC 的问世，各种系列的顺序控制器相继问世(如逻辑电路型、通用计算机型等)，但很快都被淘汰了。基于微处理器的 PLC 系统逐渐被市场所接受，并得到了快速的发展和普及。PLC 的原理、结构和硬件逐步趋于统一和成熟，其应用领域从一开始的小规模选择性应用逐渐扩大到了机床生产线。

2. 普及阶段(1980—1990 年)

PLC 的生产规模越来越大，价格越来越低，应用也越来越广泛。各 PLC 制造商的产品价格、品种都已开始系列化，并已形成 3 种基本结构模式(即 I/O 点型、基本单元加扩展型、模块化结构型)。PLC 的应用范围已经向顺序控制的各领域扩展。

3. 高性能与小型化阶段(1990—2000 年)

由于电子技术的发展，PLC 的性能不断提高，CPU 的运算速度不断加快、位数不断增加，从而不断开发出适合于各种特定控制的功能模块，这使得 PLC 的应用范围一步步扩大。另外，PLC 的体积也在不断减小，各种小型 PLC 应运而生。

4. 高性能与网络化阶段(2000 年至今)

PLC 的各项功能都在不断改进，以满足信息化和工业自动化的需求。PLC 在提高和增加 CPU 的运算速度和位数的基础上，不断地开发出适用于过程控制、运动控制的特殊功能和模块，使得 PLC 的应用范围逐渐扩展到整个工业自动化领域。同时，PLC 的网络和通信功能也有了飞速发展，PLC 不但能够将常规的程序控制与 I/O 设备相结合，还可以用多种总线组成一个网络结构，从而为工业生产的自动化打下坚实的基础。

1.1.1.3　PLC 在我国的发展

1974 年，我国仿照美国第二代 PLC 产品研制出位片式微处理芯片的 PLC，并投入使用，不过并未批量生产。1977 年，我国首次引入美国 MC14500 集成芯片，同时成功地开发出第一台具有实用价值的可编程控制器，并应用在实际生产中。1979 年，我国又从国外引进了一条新的生产线，并成立了多家合资公司。在引进 PLC 的过程中，国内组织有关单位希望消化、吸收 PLC 的核心技术，尝试将其国产化，但由于资金和后续研究力量不足、生产技术相对落后，未能成功地实现。日本三菱公司的小型 PLC 在 1985 年首次进入中国。由于 PLC 的成本持续下降,许多中小型设备都采用了可编程控制技术,小型 PLC 被广泛使用。在这种背景下,我国 PLC 厂家逐步崛起,国内生产 PLC 的厂商多为北京、浙江、江苏、广东等地的厂商,一些有名的品牌包括和利时、信捷等。

2003 年以来,和利时科技集团(简称"和利时")相继推出 LE 系列小型 PLC、LK 系列大型 PLC、LKS 系列安全型 PLC、LKC 系列自主可控型 PLC、MC 系列高端运动型控制器,如图 1.2 所示,并通过 CE、UL 等多项认证。其中 LK 系列大型 PLC 是国内唯一具有自主知识产权的大型 PLC,并获得科技部等四部委联合颁发的"国家重点新产品"证书。

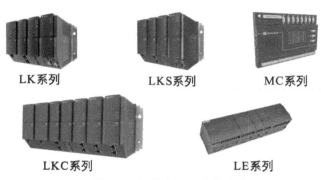

图 1.2　和利时 PLC 产品家族

1.1.1.4　PLC 的未来发展趋势

随着半导体、计算机和通信等技术的飞速发展,工业控制领域发生了翻天覆地的变化,PLC 也没有停止发展的脚步,正向着新技术迈进,其主要表现在以下几方面。

1. 高性能、微型化、大型化是 PLC 发展的趋势

PLC 已经不是过去只能执行开关量运算的产品,而是具有越来越强的模拟量运算能力,并具有许多以往只局限于计算机的先进运算功能,如浮点运算、温度控制、精确定位等。在满足高性能要求的情况下,PLC 分别向小型化和大型化的方向发展。一方面,为了满足单机和微型自动控制的需求,需要研制速度更快、性价比更高的微型 PLC,并向高速、大容量的方向发展。随着对复杂系统控制需求的不断增加以及微处理机和计算机技术的迅速发展,对 PLC 的数据处理能力和存储能力的要求也越来越高。

2. PLC 的操作趋于简易

目前 PLC 应用的难点在于其复杂的程序设计使用户难以接受,同时不同的 PLC 采用不同的编程语言,使得用户经常需要学习不同的编程语言,这给用户带来了很大的困扰。另外,当使用常规的方法编写程序时,必须了解每个特殊存储器的功能,并在编程时进行赋值,而且编程过程复杂,容易出错,这些都制约着 PLC 的应用。PLC 技术应朝着操作简单的趋势发展,例如西门子 S7-200 在编程软件中设计了大量的编程向导,只要在对话框中输入参数,就能自动生成用户程序(包括中断程序),方便用户使用。

3. PLC 系统的统一开放架构 [3]

随着工业互联网、大数据、云计算、5/6G、信息物理系统、元宇宙等新技术的产生和变革,

PLC 网络系统从一个独立、封闭的系统,快速发展为一个开放的系统。例如,美国开放流程自动化论坛倡导的开放自动化标准[4]。它通过软硬件解耦建立可互操作,内生信息安全的分布式控制节点,并打通上层的人机界面(HMI)、数据采集与监视控制(SCADA)系统和生产执行系统(MES),最终融合 PLC、分散控制系统(DCS)、HMI 和 MES 等形成开放统一架构。德国 NAMUR(德国测量与控制标准委员会制定的标准)则倡导开放自动化主流 NOA(NAMUR Open Automation)。它以原有的 PLC、DCS 和 HMI 为核心,在尽量保留原系统的基础上,基于 OPC/UA 构建的数据通道建立一个可进行全局监控和优化的工业信息技术系统,来完善和统一现有的控制系统。

4. PLC 与虚拟化、人工智能、知识图谱和区块链等新技术的融合

智能制造、工业 4.0 等技术革命对 PLC 中图像处理、人工智能等非实时算法有巨大需求,PLC 硬件向高性能异构化发展,如欧姆龙近几年推出的 FZ5 系列和 FH 系列图像处理系统,它们可通过总线方式和 PLC 相连并交互处理结果。在人工智能方面,西门子在 2018 年 12 月首先推出一款集成人工智能(AI)芯片的全新模块(TM NPU)。2019 年 11 月,罗克韦尔发布了支持机器学习的分析模块 LogixAI。硬件的高性能异构技术与软件的统一开放架构将促使虚拟化技术、人工智能、数字孪生、知识图谱和区块链等前沿技术在 PLC 中应用。

1.1.2　PLC 的特点与分类

1.1.2.1　PLC 的主要特点

1. 可靠性高,抗干扰能力强

与继电器逻辑控制系统相比,PLC 的特点包括:活动部件、电子元件、连接线路减少,元件使用寿命长;有冗余设计、掉电保护、故障诊断、信息保护功能;易于学习掌握,不容易出现操作失误;等等。与计算机控制系统相比,PLC 的特点包括:专门为满足工业生产工艺要求而设计,硬件可靠,适用于恶劣环境,编程和操作简便可靠,软件和硬件均有多种抗干扰措施;在硬件方面,具有冗余措施、故障诊断、干扰隔离屏蔽等功能;在软件方面具有软件滤波、软件自诊断、信息保护与恢复、报警和运行信息的显示等功能。

2. 操作性强

操作简单。PLC 运行过程包含程序的输入和变更,大部分的 PLC 都是由编程器实现的,使用起来简单易行;程序设计简便。编程语言包括梯形图、语句表、顺序功能表、功能块图等,比较容易理解和掌握;易于维修。PLC 能自动检测出故障代码,快速地发现并解决问题。

3. 功能完善

PLC 除具备模拟输入/输出、逻辑运算、计数、数据处理、通信等功能之外,还可以实现顺序、位置和过程的控制。

4. 灵活性高

编程的灵活性高,编程语言多,方法多样;扩展的灵活性高,容量、功能、应用和控制扩展容易;操作灵活,易于设计、编程和安装。

5. 通用性强

随着 PLC 产品的标准化、系列化和模块化,各种数字和模拟量的输入 / 输出接口均可根据客户的需求进行灵活控制;并且随着 PLC 通信功能的不断增强,人机接口技术的快速发展使得 PLC 可以方便地构成多种控制系统。

1.1.2.2 PLC 的分类

PLC 的形式多种多样,功能也不尽相同。以下分别从控制器规模、控制器结构形式和控制器性能等方面进行分类,并给出相对应的产品型号,这里主要列举西门子、三菱和欧姆龙等 PLC 型号。

(1)按控制器规模来划分, PLC 可分为小型 PLC、中型 PLC、大型 PLC。具体分类如图 1.3 所示。

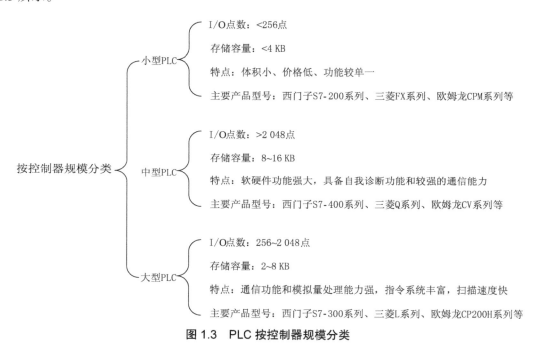

图 1.3　PLC 按控制器规模分类

(2)按控制器结构形式分类,PLC 可分为整体式和模块式。具体分类如图 1.4 所示。

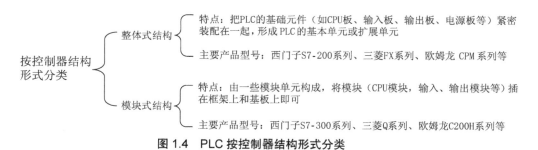

图 1.4　PLC 按控制器结构形式分类

（3）按控制器性能分类,可将 PLC 分为低档、中档和高档。具体分类如图 1.5 所示。

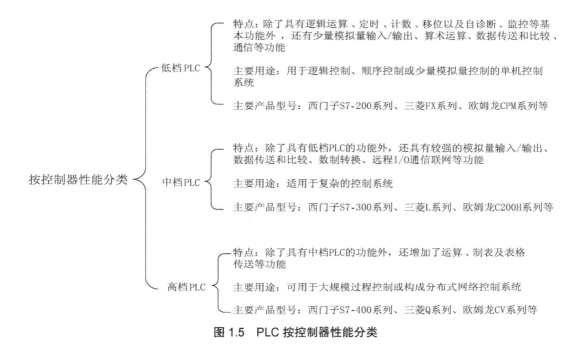

图 1.5　PLC 按控制器性能分类

1.2　PLC 的组成和原理

1.2.1　PLC 的基本结构

　　PLC 是专门为工业控制而开发的一种专用的计算机,虽然 PLC 种类繁多,但它的结构大致相同。PLC 的主要构成有硬件系统和软件系统两大类。硬件系统是构成 PLC 的核心部件,它包括中央处理器存储器、电源和输入/输出接口,如图 1.6 所示。一般情况下,中央处理器包括控制器、运算器等。软件系统是指对 PLC 进行管理、控制和使用,以保证其运行的一系列程序。有些软件由 PLC 制造商提供,有些则由使用者提供,通常将前者称为系统程序,将后者称为用户程序。系统程序主要负责对 PLC 的各类资源进行有效管理,对各个硬件的工作状态进行控制,并对各个硬件部件之间的相互关系进行调整,从而最大限度地提高 PLC 的整体利用率。而用户程序则注重使用,以及输入与输出的控制。

　　1. 中央处理器（CPU）

　　CPU 是 PLC 的一个重要部件,用于运行用户程序,监控输入/输出接口状态,做出逻辑判断和数据处理,也就是读取输入变量,完成用户指定的操作,向输出端输出结果,对外部装置的要求做出反应,并进行内部判断。它像人类的神经系统一样,对身体进行整体的协调和控制。PLC 中的 CPU 根据型号可分为 3 种。

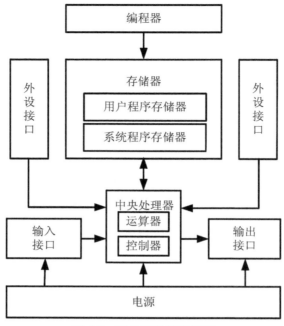

图 1.6　PLC 硬件简化框图

（1）通用微处理器，通常有 8 位机和 16 位机，例如英特尔（Intel）的 8080、8086、8088、80186、80286、80386，摩托罗拉（Motorola）的 6800、68000 型等。

（2）单片微处理器，比较常见的是 MCS48/51/96 系列芯片。采用单片机作为 CPU 的 PLC，不仅体积小，而且逻辑处理能力、数值计算能力和通信能力都得到了极大的改善。

（3）位片式微处理器，例如 AMD2900/2901/2903 系列于 1975 年在美国被推出，大规模应用于大型 PLC 设计。该系统具有快速、灵活、高效的特点。

多数小型 PLC 使用 8 位通用微处理器或单片微处理器；一般中型 PLC 使用 16 位通用微处理器或单片微处理器。目前，大部分的 PLC 都采用高速位片的微处理器。PLC 的级别越高，CPU 的数量就越多，计算速度就越快，功能也越强大。

当前，小型 PLC 以单一 CPU 为主，中、大型 PLC 以双 CPU 为主，有的 PLC 采用多达 8 个 CPU。所谓的"双 CPU"，就是把两块 CPU 装到 CPU 模板上，通常一块是字处理器，另一块是位处理器，使用专门的芯片，由各个厂商自行研制。字处理器是主处理器，它执行程序接口功能，监控内部计时器和扫描时间处理字节命令。位处理器是从处理器，它的作用是处理位运算命令并使 PLC 程序语言转换成机器语言。使用位处理器能大大降低系统的负荷，加快系统的运行速度，从而达到较好的实时性效果。

2. 存储器

存储器是用来存放程序和数据的。PLC 有两种存储系统：一种是系统程序存储器，另一种是用户程序存储器。

系统程序是一种类似于个人计算机的操作系统，能够执行 PLC 设计者所要求的工作，它可以被制造商设计和固化在只读存储器（ROM）中，使用者无法直接读取。

用户程序是用户自行设计的,它直接影响 PLC 的输入和输出的关系,一般以字节为单位(1 个字节由 16 位二进制数组成)。小型 PLC 的用户程序存储器容量在 1KB 左右,大型 PLC 的用户程序存储器容量可达兆字节(MB)。

常用的存储器有以下几种。

(1)随机存储器(COMS RAM)。COMS RAM 是一种密度高、功耗低、价格低廉的半导体内存,可进行读、写操作,用于存放用户程序,生成用户数据区。存储在 COMS RAM 中的用户程序可方便修改。它可以作为后备电源,在断电时能很好地保存数据。其中的锂电池的使用寿命通常在 5~10 年,如果有频繁的负载,可以使用 2~5 年。

(2)只读存储器(ROM)。ROM 用于固化系统管理程序和用户程序。

(3)电可擦除只读存储器(EPROM)。EPROM 通常也被用来固化系统管理程序和用户程序。

(4)电可擦除可编程只读存储器(EEPROM 或 E2PROM)。它可以根据字节进行擦除,也可以进行整片擦除。

3. I/O 接口

I/O 接口又称为 I/O 设备,它是 PLC 和工业过程控制系统的一个重要组成部分。PLC 可根据用户的输入接口,获取不同的生产工艺参数,并将切换信号量反馈给 PLC,使其转化为 CPU 可以识别的信号。PLC 将处理的结果通过输出接口传送给受控目标。因为外部输入装置和输出装置需要的信号电平不同,而 PLC 的 CPU 所处理的信号只能是标准电平,因此 I/O 接口必须能够完成这种转换。为了增强 PLC 的抗干扰性,I/O 接口电路通常采用光电隔离和滤波等技术,使外部环境中的各类信号与系统内的统一信号相匹配,并使信号准确地传输。此外,输入 / 输出接口一般都有状态显示功能,便于维护。

4. 编程器

编程器是 PLC 中最关键的外设。编程器可以实现对用户程序的输入、编辑、调试、监控,并能通过键盘对 PLC 的某些内部继电器和系统参数进行调用和显示。编程器通常是由 PLC 制造商提供的,仅适用于特定的 PLC 产品,可分为简单编程器和智能编程器两种。

简单编程器由键盘、发光二极管或液晶显示器构成。该产品小巧、价格低廉,可直接插入 PLC 程序接口,或通过线缆连接 PLC,可以直接产生和编辑梯形图的程序。微型 PLC 一般采用简单编程器,而大、中型 PLC 则多采用智能 CRT 编程器。

5. 电源

PLC 按型号划分,它们中有些使用交流电源,有些使用直流电源。交流电源通常是单相 220 V,直流电源通常是 24 V。PLC 对供电稳定性的要求不高,电源额定电压的波动范围为 -15%~10%。PLC 内部装有稳定电压的电源,用以向 PLC 的 CPU 模块和 I/O 模块供电。通常,小型 PLC 的电源通常与 CPU 集成在一起,大、中型 PLC 则有专用的电源。很多可编程控制器为诸如光电开关之类的输出电路和外部电子探测设备提供 24 V DC 供电,而 PLC 控制的现场执行器的供电功率可以根据 PLC 的型号、负载情况来决定。

6. 外设接口

外设接口可以连接外存储器、条码扫描器、频率转换器等外设,实现相应的控制指令。

1.2.2 PLC 的工作原理

PLC 的工作原理是顺序扫描,连续循环。PLC 在运行时,CPU 按照用户的控制需求编写存储于用户内存中的程序,按照命令步骤序号(或者地址号)进行周期的循环,如果没有相关指令,就从第一个命令开始,依次进行,直到程序完成,再回到原来的命令,并进行下一次的扫描。在每个扫描周期,PLC 要对输入信号进行取样,并更新输出状态。

PLC 的一个扫描周期有输入采样、程序执行和输出刷新 3 个阶段,如图 1.7 所示。

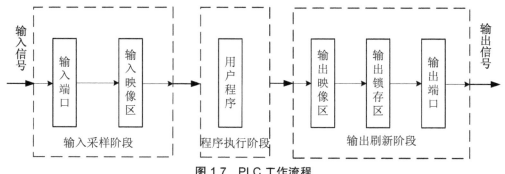

图 1.7 PLC 工作流程

1. 输入采样阶段

在输入采样阶段,PLC 按顺序扫描读取所有的输入状态及数据,并将其储存于 I/O 映像区的对应单元。完成输入采样后,进入程序执行与输出刷新阶段。在这两个阶段中,I/O 映像区中对应单位的状态和数据不会发生变化,即使在输入状态和资料发生变化时也是如此。所以,若输入信号为脉冲信号,则其宽度应比一个扫描周期长,以确保在所有情形下都能读取。

2. 程序执行阶段

在程序执行阶段,PLC 总是按照从上到下的顺序对用户程序进行扫描。在对每个用户程序(这里以梯形图为例)进行扫描时,首先要对梯形图左侧的各个接触点组成的控制线进行扫描,并按照先左后右、先上后下的顺序进行逻辑计算,再根据逻辑计算的结果,更新系统随机存取存储器(RAM)中相应的逻辑线圈的位置;或刷新 I/O 映像区中的输出线圈的相应位的状态;或决定是否要按照梯形图来指定特定的功能。也就是说,在用户程序的运行期间,仅在 I/O 映像区中的输入端的状态和数据不会改变,而在 I/O 映像区或者系统 RAM 中,其他输出点和软装置的状态和数据会改变,并且梯形图的程序运行结果将影响到所有使用这些线圈或数据的梯形图。相比之下,在下一次扫描循环中,更新后的逻辑线圈的状态或数据将会影响到排在它前面的程序。

3. 输出刷新阶段

用户程序扫描完毕后,PLC 进入输出刷新阶段。在此过程中,CPU 会根据 I/O 映像区内对应的状态和数据,对输出锁存回路进行更新,再利用输出环路对外部器件进行控制,以达到控制输出的目的。

从微观角度看,由于 PLC 特殊的扫描工作模式,程序在运行时的输入信号就是该周期取样阶段的输入信号。当输入信号在执行期间改变时,它的输出无法立即反应,因此必须等待下一个扫描周期。此外,程序运行期间所生成的输出并没有立刻解压,而是将其存储于输出映像寄存器中,直到所有的程序都完成后,经由锁存器将输出映像寄存器的内容输出至终端。

所以,PLC 最大的缺点就是其 I/O 存在着响应滞后的问题。但是对于普通的工业装置,输入是一个普通的开关,输入信号的变化周期(秒级或更多)比程序扫描周期(毫微秒级)长,所以在宏观上,当输入信号发生改变时,它可以立刻进入输入映像寄存器中。对于普通的工业装置,PLC 的 I/O 延迟现象是完全可以接受的。但是对于一些设备,如果要求对输入进行快速的响应,则可以通过中断处理、高速计数模块、快速响应模块等方法来缩短滞后时间。

根据 PLC 的工作流程,可以得出以下几点结论。

(1)PLC 执行程序的方式是扫描,其 I/O 存在着响应滞后,这是由 I/O 信号间的逻辑关系决定的。滞后时间会随着扫描周期的增加而越来越长。

(2)除包括输入采样、程序执行、输出刷新这三个主要工作阶段之外,扫描周期还包括系统管理作业所占用的时间。在一个周期中,程序的执行时间与程序的长度和复杂度相关。通常,扫描周期在毫微秒级。

(3)在第 n 个程序扫描执行过程中,输入数据为该次扫描周期的采样阶段的扫描值 X_n;输出数据具有上次扫描的输出值 Y_{n-1} 和本次的输出值 Y_n,被传送到输出端的信号是此次所有操作之后的最后结果 Y_n。

(4)I/O 的响应滞后,不但与扫描模式相关,而且与编程的安排也有关。

1.2.3　PLC 的编程语言

PLC 程序设计语言与常用的计算机程序语言有很大的区别,与其他高级语言和汇编语言也不尽相同。PLC 程序设计语言是以用户为导向的,对使用者没有较高的专业知识要求,也不需要使用者经过较长时间的专业培训。PLC 的编程语言主要是由用户通过 PLC 制造商提供的编程语言,按照控制目标的需求,对控制要求进行描述的过程。目前,还没有一种能够与各个厂商的产品相兼容的程序设计语言。早期的 PLC 仅支持梯形图编程语言和指令表编程语言,IEC 61131-3(由 IEC 制定的国际标准)[5]中规定了五种常用的 PLC 编程语言 [6]:梯形图(Ladder Diagram,LD)、顺序功能流程图(Sequence Function Chart,SFC)、功能模块图(Function Block Diagram,FBD)、结构化文本(Structured Text,ST)和指令表(Instruction List,IL),其中,梯形图、功能模块图和顺序功能流程图为图语言,结构化文本和指令表为文本语言。另外还有一种不在 IEC 61131-3 标准规定之内的 PLC 编程语言:连续功能流程图(Continuous Function Chart,CFC)它是一种图形类编程语言,与 FBD 有些类似。

1.2.3.1　梯形图(LD)

LD 编程语言是最常见的 PLC 编程语言,是一种类似于继电器电路的编程语言。LD 是由继电器触点控制电路原理发展而来的一种图形语言。该语言利用与继电器的动合触点、动断触点、线圈、串以及并联等术语和符号相结合,按照控制要求,将 PLC 的 I/O 逻辑关系表达出来,如图 1.8 所示。

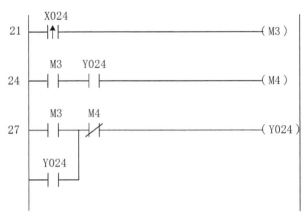

图 1.8　PLC 梯形图

由于从事电力行业的人更熟悉继电器的控制,因此 LD 编程语言的使用范围更广。LD 编程语言具有以下特征。

(1)与电气操作原理图一一对应,看起来较为直观、方便。

(2)符合继电器的逻辑控制技术,便于学习和掌握。

(3)与布尔助记符编程语言一一对应,方便它们之间的转换和程序的检验。

(4)LD 中的继电器不是"硬"继电器,而是 PLC 的存储器。若写入该设备的逻辑状态为"1",则表示该继电器的绕组已开启,其动合触点为闭合,动断触点为断开;若写入该设备的逻辑状态为"0",则表示相应的继电器线圈已断开,动断触点已闭合,动合触点断开。

(5)LD 程序按照从左到右、从上到下的顺序进行扫描和执行。每个逻辑行都是从左侧母线开始的,然后是串、并联的触点,最终是经由线圈连接至右侧母线。

(6)LD 的每个阶段有"概念电流"通过,而非实际的电流。"概念电流"用来描述用户的程序在工作时绕着一个线圈工作。

(7)PLC 中的输入继电器,不同于常规的中间继电器,在 LD 编写时,只需要使用一个输入继电器触点即可,驱动线圈可以理解为外部电路,不需要在程序内使用。LD 的输出继电器通过一个中间继电器或者晶体管进行信号的输出,从而进行外部设备的驱动。

LD 中常用 ┤├、┤╱├ 图形符号表示 PLC 的动合触点、动断触点,用符号( )来表示线圈。LD 中的程序单元用数字加以区分。由触点、线圈等组成的独立的线路称为"网络"。"LD""陈述式"的程序软件可以在"网络"中对"LD"进行"标注"。

LD 设计应注意以下三点。

（1）LD 程序按照从左至右、由上至下的顺序执行。每个逻辑行都从左母线开始,触电的串并联,最后是线圈。

（2）LD 中的每个阶段都有"概念电流"通过,而非实际的电流,它们的两端不需要接电源。"概念电流"仅仅是为了形象地说明用户的程序工作时,必须符合线圈的导通规则。

（3）输入继存器用于接收外部输入信号,不能由 PLC 内部其他继电器的触点来驱动。因此, LD 中只有一个输入继存器的接点,没有线圈。输出继存器向外部输出程序的执行结果,当 LD 的输出继存器线圈通电时,该输出设备输出信号,但不能直接通过输出设备实现,而要通过继电器、晶体管或可控硅来实现。也可以将输出寄存器的触点用于内部程序。

1.2.3.2　顺序功能流程图(SFC)

SFC 是一种以函数表为基础的编程语言,它能够实现连续的逻辑控制,特别适用于多进程的时序混合控制。在程序设计阶段,SFC 将序列流程的操作分解为阶段和转化状态,并依据转移条件来划分控制系统的功能流程序列,循序渐进地进行操作。每个步骤都有一个用方块表示的控制函数任务。SFC 中包含一个梯形图逻辑,用以实现对应的控制函数。SFC 编程语言使得程序具有清晰的结构,便于读者阅读和维护,从而减少了编程和调试的工作量,适用于大型的系统以及复杂的程序关系,如图 1.9 所示。

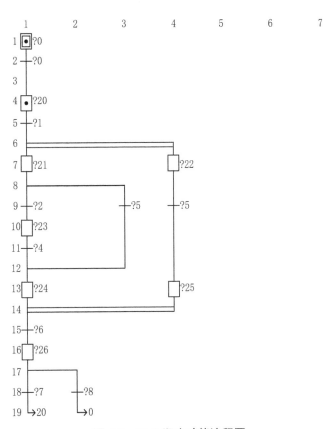

图 1.9　PLC 顺序功能流程图

SFC 编程语言有以下几个特征。

（1）以功能为主线，按功能流程的顺序进行配置，条理清晰，易于理解。

（2）具有图形化的表示方法，能够对并发、复杂系统中的各种程序进行清晰、简洁的描述，可根据 SFC 进行直接编程。

（3）在系统规模大、程序关系复杂的情况下经常使用。

（4）针对较大的程序，可按不同的方式进行分工设计，使程序架构更为灵活，节省程序的设计与调试时间。

（5）避免了 LD 等语言无法顺序操作的缺点，以及在使用 LD 语言进行顺序操作时，因机器互锁而导致的程序结构复杂、难以理解的缺点。

（6）仅执行当前有效步骤的指令和动作，在跳转条件满足后才会跳转到下一个步骤进行程序扫描和执行。因此，整个程序的扫描时间将会大幅缩短。

1.2.3.3　功能模块图（FBD）

FBD 编程语言是与数字逻辑控制电路类似的一种 PLC 编程语言，如图 1.10 所示。有数字电路技术基础的人比较容易掌握 FBD 编程语言。

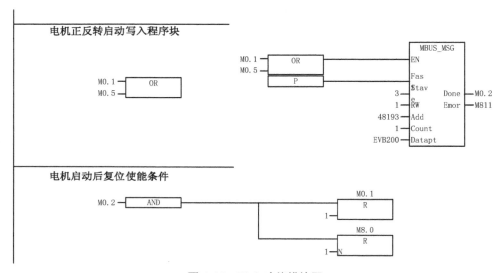

图 1.10　PLC 功能模块图

FBD 编程语言的特点如下。

（1）以功能模块为单位，使得使用者对控制系统进行分析、了解变得简单容易。

（2）以图形的形式表达功能，直观且易操作。

（3）对于大型、逻辑控制关系复杂的控制系统，FBD 编程语言可以清晰地表示各种功能关系，大大缩短了程序调试的时间。

1.2.3.4　连续功能图（CFC）

CFC 是 IEC61131-3 标准编程语言的扩展，是基于 FBD 的图形化编程语言，如图 1.11 所示。CFC 是一种可自由移动的 FBD，它比 FBD 更灵活，不受网络的约束，可以在整个程序中任意设定运算块的运算顺序,易于实现大规模、难以分割的过程操作,广泛应用于持续控制工业。

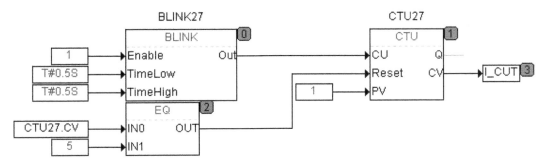

图 1.11　PLC 连续功能图

1.2.3.5　结构化文本(ST)

ST 是一种高级编程语言,专门为 IEC61131-3 标准而创建,用于对程序进行结构化的描述。相对于 LD, ST 具有较强的计算能力,结构简单、紧凑。除了为用户提供多种编程语言之外,它还可以让程序员在一个软件中根据特定的任务选择不同的编程语言。在大、中型 PLC 系统中,通常使用 ST 来描述系统中各参数之间的相互关系,以实现所需要的功能或操作,如图 1.12 所示。

ST 编程语言具有下列特点。

(1)采用高级语言进行编程,能完成复杂的控制操作。

(2)对程序员的技术要求很高。

(3)不够直观并且不易操作。

(4)常被用于实现采用功能模块等其他语言较难实现的一些控制功能。

```
(*判断折线点数是否正常，最少3个，最多15个*)
N:=NUM;
IF NUM<3 THEN
  N:=3;
END_IF;
IF NUM>15THEN
  N:=15;
END_IF;
```

图 1.12　PLC 结构化文本

1.2.3.6　指令表(IL)

IL 是一种类似于汇编语言的辅助程序语言,主要包含操作代码和运算数字。如果没有计算机,则可以使用 PLC 手持式编程器编写用户程序。

IL 具有以下特点。

(1)常常选用助记符来表明操作功能,记忆简单且便于操作人员掌握。

(2)与 LD 有一一对应的关系。

（3）使用方便,可选用键盘上有助记符的手持编程器。在没有计算机的情况下,可以进行程序设计。

1.3　和利时 PLC 介绍

和利时 PLC 是和利时科技集团在总结十多年的控制系统设计和几千套工程项目实施经验的基础上推出的适用于中、高性能控制领域的产品。相对于传统 PLC 而言,和利时 PLC 采用了高性能的模拟量处理技术、开放的工业标准和通用的系统平台,其产品不仅具有强大的功能,而且有更高的可靠性。

和利时 PLC 以先进的计算机技术、控制技术、通信技术和信号处理技术为基础,拥有完整的产品家族和丰富的产品类型,适用于逻辑控制、顺序控制、过程控制、传动控制和运动控制等领域,广泛应用于城市轨道交通、市政水处理、高端装备、复杂机器、生产线控制等多种场景,可为不同工业领域的用户提供个性化的解决方案,也可为高校师生打造专业的教研和试验平台。

1.3.1　和利时 PLC 产品家族

和利时 PLC 拥有完整的产品家族,分别从"云""边""端"三个层次涵盖工业自动化领域的各个系统和设备。其中云(集团/公司)主要用于工业互联网平台的数据共享和分析,边(工厂)包括分别用于实现控制、操作、管理功能的软硬件系统,端(现场)包含仪表、阀门、变频器等设备,主要用于现场信号的采集或用作驱动设备。和利时 PLC 产品家族如图 1.13所示。

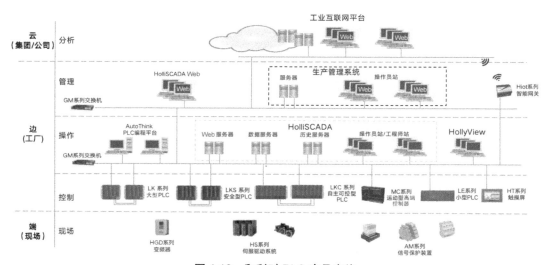

图 1.13　和利时 PLC 产品家族

在以上产品家族中,边(工厂)承担着监控及管理的重要任务,涵盖 PLC 各系列重要产品。其中,控制层涵盖了 LK/LKS/LKC 系列大中型 PLC、LE 系列小型 PLC、MC 系列运动控制型 PLC、RTU 终端及触摸屏等硬件设备。操作层涵盖了用于实现编程及远程维护的 AutoThink PLC 编程平台、用于自动化监控及信息管理的智慧综合管理平台 HollyControl 以及用于上位监控用的 HollyView 监控平台。

1.3.2　和利时 PLC 产品类型

2000 年以来,和利时针对不同应用行业的需求,着力于关键技术的研发。2004 年,和利时定位于小型 PLC 技术的研发,开发出 LM 系列第一代小型 PLC。2006 年,和利时开始定位于大中型 PLC 技术的研发,开发出 LK210 系列 PLC,该产品支持热插拔,并具备冗余功能。2012 年,和利时将小型 PLC 的灵活性和中型 PLC 强大的功能及开放性优势集于一身,开发了 LE 系列第二代小型 PLC 产品,并发布了自动化产品统一编程软件 AutoThink。后续又相继推出了 MC 系列运动控制型 PLC、大中型 LK220 系列 PLC 产品。下面分别介绍和利时不同系列的 PLC 产品及其特点。

1.3.2.1　LE 系列 PLC

LE 系列 PLC 是和利时产品家族控制层的一款中小型 PLC 产品,其实现了硬件研发、嵌入式软件及网络通信等技术方面自主可控,产线、产能等制造方面自主可控,具备良好的系统安全防护能力和风险可控性。

LE 系列 PLC 属于小型系统集成,可作为单机设备,也可以作为大型 PLC 子站扩展,主要适用于供水设备、暖通空调、环境监控、包装设备、印刷机械等行业。LE 系列 PLC 外观如图 1.14 所示。

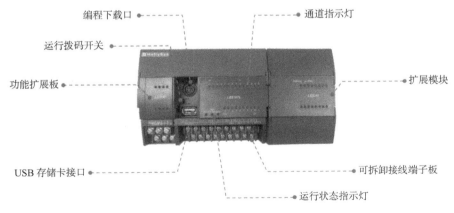

图 1.14　LE 系列 PLC 外观

LE 系列 PLC 包括 CPU 模块、I/O 扩展模块、通信扩展模块、功能扩展板和附件等。其中, CPU 模块分为标准型、经济型和运动控制专用型等,共 10 个型号。不同型号 CPU 可支持扩展的 I/O 模块数量和 I/O 点数也有所不同,具体参数见表 1.1。

表 1.1　LE 系列 PLC CPU 模块技术参数

产品型号	LE5104	LE5105	LE5106	LE5107	LE5108	LE5109	LE5107E	LE5107L	LE5109L	LE5128
产品类型	标准型						经济型			运动控制专用型
集成数字量输入/输出	8入6出		14入10出		24入16出		12入8出	14入10出	24入16出	16入10出
集成模拟量输入/输出	无				无		2入2出	无		2入4出
可连接扩展模块数量	10		16		20		4	4	7	20
本体可选功能扩展板	不支持		支持		支持					
24 V 输出	支持						不支持			支持
实时时钟	支持						支持(无掉电保持)			支持
高速输出	2路 20 kHz	—	2路 100 kHz	—	4路 100 kHz	—	—	—	—	4路 100 kHz
脉冲捕获	2路 50 μs		4路 10 μs		8路 10 μs		2路 200 μs			4路 10 μs
快速外部中断	2路 50 μs		4路 10 μs		6路 10 μs		2路 200 μs			4路 10 μs
USB 存储卡接口	不支持		支持		支持					
程序上载	支持				支持		不支持			支持
强制功能	支持				支持		不支持			支持
PID 回路	不限制						不支持			4路

　　LE 系列 PLC 的 CPU 支持本体功能扩展,可在机柜内或机柜间实现扩展。该 PLC 可以支持 RS232/RS485 串口、以太网接口、Profibus-DP 接口和 GPRS 接口,可以扩展三个串口、一个功能扩展板、两个本体,实现通信或 I/O 的扩展,同时还可以实现多机互联,支持 16 台设备通信和 RS485 总线连接。

　　LE 系列 PLC 对应的命名规则如下,其中,图 1.15 为各字符的含义,表 1.2 为不同功能区分号分别对应的功能子号及流水号的含义。

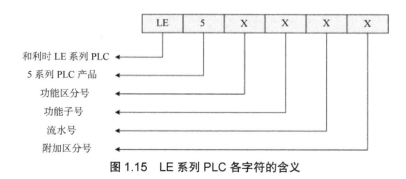

图 1.15　LE 系列 PLC 各字符的含义

表 1.2　LE 系列不同功能区分号分别对应的功能子号及流水号的含义

功能区分号	功能子号	流水号	附加区分号定义
1 CPU 模块	00~99 流水号		E 表示带模拟量输入 / 输出 L 表示经济型产品
2 数字量模块	1 输入模块	0~9 流水号	—
	2 输出模块		
	3 输入 / 输出混合模块		
3 模拟量模块	1 输入模块	0~9 流水号	—
	2 输出模块		
	3 输入 / 输出混合模块		
4 通信模块	00~99 流水号		—
6 功能扩展板	1 输入模块	0~9 流水号	—
	2 输出模块		
	3 输入 / 输出混合模块		
7 特殊模块	00~99 流水号		—

　　LE 系列 PLC 除了可以作单机使用外,还可以作为子站扩展到 LK 系列、MC 系列 PLC 系统中。在 LK210 系列 PLC 网络结构中,可以作为 Profibus-DP 从站,通过 DP 网络将 CPU 模块接入 LK210 系列 PLC 进行通信,也可以实现 Modbus 主从站通信。在 LK220 系列 PLC 网络结构中,LE 系列 PLC 除了将 CPU 作为 Profibus-DP 从站进行通信外,还可以通过 DP 转接模块,将 I/O 模块作为 LK220 系列 PLC 的一个子站进行通信。在 MC 系列 PLC 网络结构中,LE 系列 PLC 的 I/O 模块可以通过 RS485 延长线进行直连,也可以通过专用的通信模块扩展接入更多 I/O 模块。除此之外, LE 系列 PLC 还可以通过 LE5405 模块,将网线转换成 LE 的通信总线,实现和 MC 系列 PLC 的通信。

1.3.2.2　LK 系列 PLC

　　LK 系列 PLC 是和利时推出的中大型 PLC 产品,分为 LK210 系列和 LK220 系列两种。该系列 PLC 充分吸取了国际工业电子技术和工业控制技术的最新成果技术,严格遵循国际先进的工业技术标准,综合体现了离散过程和工业过程自动化的要求,在装备自动化和过程自动化两方面都应对自如。

　　LK 系列 PLC 具有可靠性高、防护性好、功能丰富、性能优异、集成度高、扩展性好、易于使用等特点,具有单机、双机架冗余等多种系统架构,使用方便灵活,适用于严苛的工业现场,广泛应用于地铁、水处理、隧道、供热、油气、电力、产线等领域。

1. LK210 PLC

　　LK210 系列 PLC 是国内首款中大型 PLC,支持冗余和非冗余两类控制器,对应的控制器类型有 LK202、LK205、LK207 以及 LK210,其中前三种为单机版控制器,LK210 为冗余版控制器,既可单机配置,也可单机架冗余配置。不同型号的 CPU 对应的运算速度和存储器容量等都有所不同。

　　LK210 系列 PLC 包括控制器模块、I/O 模块、通信模块、接口模块、本地背板、扩展背板和系统电源。LK210 系列 PLC 外观如图 1.16 所示。

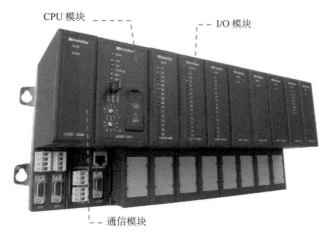

图 1.16　LK210 系列 PLC 外观

　　LK210 系列 PLC 支持 Profibus-DP 通信,双网冗余配置,可以通过 LK231 或者 LK232通信接口模块扩展多个 I/O 子站,也可以通过光纤进行远距离传输,扩展远程站点。选择不同型号和数量的 I/O 背板,系统带点量也有所不同。

　　2.LK220 系列 PLC

　　LK220 系列 PLC 是国内首款双机架冗余 PLC,可实现单机配置,也可实现双机架冗余配置。该系列 PLC 的电源、CPU、Profibus-DP 总线网络、以太网等均可以冗余配置。通过选择不同的通信模块,分别可以实现 Profibus-DP 总线网络、POWERLINK 工业以太网、Hol-liTCP 网络以及 Modbus TCP 以太网的通信(详见 4.1.2 章节内容)。图 1.17 和图 1.18 分别为 LK220 系列单机主控单元和双机架冗余主控单元示意图。

图 1.17　LK220 系列单机主控单元

图 1.18　LK220 系列冗余主控单元

①——LK921 24 V 电源转接模块;②——LK220 主控模块;③——LK240 冗余通信模块;
④——LK249 Profibus-DP 主站通信模块;⑤——LK130 4 槽背板模块。

LK220 系列 PLC 可选的控制器模块有四种类型,分别是 LK220、LK222 和 LK224 和静态可信控制器 LK220T1。不同型号的控制器对应的运算速度、存储器容量、所带从站数量等均有所不同。

1.3.2.3　LKS 系列 PLC

LKS 系列 PLC 是和利时自主研发的满足 SIL2(安全完整性等级)认证的大型冗余控制系统,该系统具有容量大、可用性高、性能优越、响应快等特点,可广泛应用于轨道交通、化工、医疗等领域。LKS 系列 PLC 的控制器与 I/O 模块等组成一套完整的控制系统,完成数据采集、逻辑运算、动作输出、人机交互等操作,实现安全保护功能。

LKS 系列 PLC 为双背板冗余结构,分为 A 系和 B 系,在两个背板上分别安装一套控制单元,通过冗余通信模块 LK240S 和同步光纤进行连接。LKS 系列单元如图 1.19 所示。

图 1.19　LKS 系列主控单元

①——LK9215 安全型 24 V 电源适配模块;②——LK2205 安全型主控模块;③——LK240S 安全型冗余通信模块;
④——LK249S 安全型主站通信模块;⑤——LK130 4 槽本地背板模块。

　　LKS 系列 PLC 的硬件主要由背板、电源、主控模块、通信模块、I/O 模块及附件构成。其中安全型主控模块 LK220S 作为系统运算和控制的核心,主要完成数据运算和通信功能。该主控模块支持单机和冗余配置,模块内置的双冗余以太网接口采用标准 RJ45 接口连接到以太网,可以与上层设备实现人机交互或与外部设备进行通信,也可以连接编程设备,进行程序下载或固件升级,为用户提供一个开放的分布式自动化网络平台。

　　除此之外,LKS 系列 PLC 还可通过 LK249S 通信模块的冗余 PROFIsafe 总线接口实现系统扩展,可级联多个扩展背板。LKS 系统网络结构如图 1.20 所示。

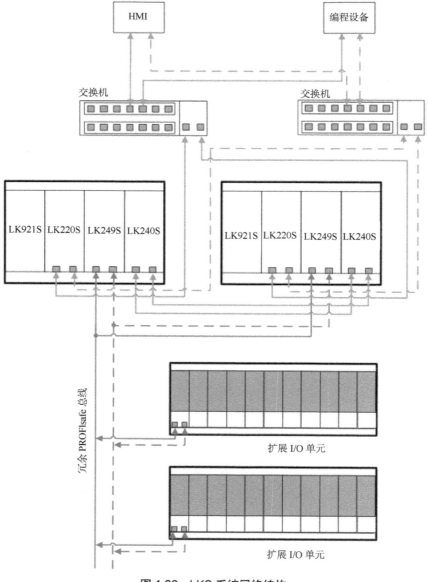

图 1.20　LKS 系统网络结构

上述网络结构中的扩展 I/O 单元通过 LK232S 接口模块和主控单元进行通信。LKS 系列 I/O 单元如图 1.21 所示。

图 1.21　LKS 系列 I/O 单元

1.3.2.4　LKC 系列 PLC

　　和利时于 2017 年参与核高基专项（国务院发布的 16 个重大科技专项之一），作为"安全可控工控关键软硬件研发及产业化——通用可编程逻辑控制器（PLC）"课题承担单位之一，开发出 LKC 系列自主可控型 PLC。该系列 PLC 的特点是稳定可靠、制造可控、安全可信、技术可控。LKC 系列 PLC 的所有模块均采用工业级元器件，元器件国产化率超过 95%，控制器模块基于龙芯 2 代 2K1000 双核 1GHZ 主频国产处理器芯片进行设计。控制器采用双体系可信度量架构，可实现完整的安全可信系统方案。技术可控体现在硬件研发技术自主可控、嵌入式软件自主可控、网络通信技术自主可控、AutoThink 编程软件自主可控四个方面。该系列 PLC 主要应用于油气、水电、能源、基础设施、航空航天、军工等行业。

　　LKC 系统支持单机架配置和冗余机架配置。LKC 系列主控单元包括主控背板、电源模块、控制器模块、通信模块，主控单元如图 1.22 所示。

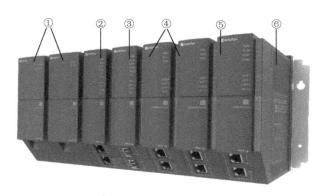

图 1.22　LKC 系列主控单元

①——LK922C 冗余直流电源模块；②——LK226C 控制器模块；③——LK240C 冗余同步模块；
④——LK246C 以太网通信处理器模块；⑤——LK241C POWERLNK 主站通信模块；⑥——主控背板。

　　LKC 系统支持 LK221C/LK226C 控制器和 LK221CT1/LK226CT1 静态可信控制器两种类型，可根据实际需要选配。其中 LK221CT1 和 LK226CT1 静态可信控制器是在技术可控的基础上增加了安全可信功能,系统启动时支持安全可信度量。控制器的硬件和软件可实现完全自主可控设计。

LKC 系统可配置的网络结构为 Modbus TCP 以太网和 POWERLINK 工业以太网。其中,Modbus TCP 以太网通过控制器和 LK246C 模块配置,用于向上连接编程软件、HMI 和第三方上位软件。POWERLINK 工业以太网可通过 LK235C 模块和交换机组成环网,用于完成系统扩展。LKC 系统网络结构如图 1.23 所示。

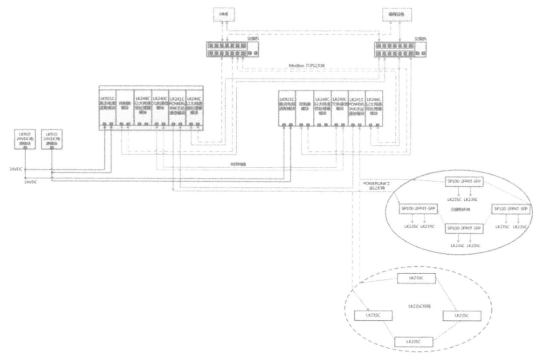

图 1.23　LKC 系统网络结构

1.3.2.5　MC 系列 PLC

运动控制器是用于运动控制的可编程控制器,一般作为单台复杂运动机械设备或产线的控制核心,可实现机械运动的精确控制,如位置控制、速度控制、加速度控制、转矩或力的控制等。运动控制器除了具有常规 PLC 的 I/O 接口和逻辑控制功能外,还增加了运动控制专用的直连式驱动器接口、编码器接口、实时总线接口等,并配以丰富、易操作的运动控制算法库,便于用户二次开发,实现用户设备所需的逻辑和运动控制功能。

MC 系列运动控制器是和利时经过多年的市场实践,结合国内外先进的技术开发出的一套高性能、多功能运动控制器,是运动控制领域具有领先技术的产品。MC 系列控制器运算速度快,运算指令丰富,支持多种复杂运动控制功能。该系列控制器采用高速双核 CPU,频率可达 667 Hz,能同时计算和控制最多 64 个轴,支持 250 us~8 ms 的伺服计算周期,采用 32 位整数和 64 位双精度浮点数计算,最多支持 8 个任务同时进行,并带有 RS232、RS485、

CAN(控制器局域网)和千兆以太网等多种接口,也可扩展 LE 系列 I/O 子站。除此之外,MC 系列控制器通过丰富的算法可支持伺服、步进、插补类型及多种联动类型,也可支持高速脉冲捕捉、高速到位输出等特色功能。该系列控制器可广泛应用于加工、包装、印刷、纺织、医疗、测量、航天、国防科技和装配工业等行业。

MC 系列运动控制器主要具备以下几个特点。

(1)具有先进的多轴开 / 闭环控制,每个轴可以任意配置为闭环伺服或开环脉冲控制。

(2)具备强大的联动功能,最多可实现 64 个轴线性插补;提供 Merge 联动功能,可以进行前瞻运算,最大有 64 级前瞻运算缓存。

(3)可以动态地修改参数,如速度、加速度、PID 等。

(4)可执行多任务编程,最多支持 8 个任务同时运行。

(5)采用高效的编译型执行机制,程序执行高速、高效、高精度。

(6)采用符合 IEC61131-3 标准的编程规范,支持 LD、ST、FBD、SFC 编程语言。

(7)支持 Modbus TCP 和 RS485 扩展,可灵活扩展 LE 系列模块。

(8)具备完善的知识产权保护功能,每一台运动控制器都可以单独加密。

MC1008 运动型控制器如图 1.24 所示。

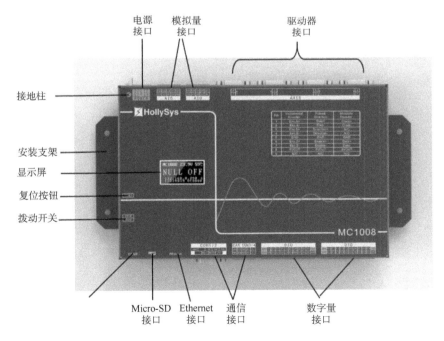

图 1.24　MC1008 运动型控制器

【本章小结】

本章分别介绍了 PLC 的发展过程和分类、PLC 的基本结构和工作原理及和利时 PLC 产品家族。其中和利时 PLC 产品家族中重点介绍了 LE 系列小型 PLC、LK 系列大型 PLC、LKS 系列安全型 PLC、LKC 系列自主可控型 PLC 以及 MC 系列高端运动型控制器的技术特点以及工业应用范围。

第 2 章　和利时 LK 系列 PLC 硬件系统

和利时 LK 系列 PLC 硬件系统分为主控单元和 I/O 单元。主控单元是控制系统运算和控制的核心,主要包括主控背板、电源模块、控制器模块和通信模块。I/O 单元负责现场数据采集、I/O 链路扩展等,主要包括扩展背板、通信接口模块和 I/O 模块。

2.1　LK 系列主控单元

LK 系列主控单元根据所选控制器类型及是否冗余可以分为 LK210 系列主控单元、LK220 单机系列主控单元、LK220 冗余系列主控单元。其中:LK210 系列主控单元的冗余配置为单机架双 CPU 热备冗余;LK220 系列主控单元的冗余配置为双机架全方位冗余,分为 A 系和 B 系(LK 系列主控单元可参考 1.3.2.2 节)。

2.1.1　主控背板

主控背板用于安装主控单元模块,各模块通过背板总线进行数据交互。主控背板上的接线端子或连接器,用于连接系统电源、通信模块和 I/O 线缆。LK210 系列主控单元的背板分为 LK104 和 LK123 两种型号,分别用于 LK210 系列单机配置和冗余配置,用于安装 CPU 模块、I/O 模块、通信接口模块、特殊功能模块等。LK220 系列主控单元的背板分为 LK130、LK132、LK133 三种型号。其中 LK130 为 4 槽主控背板,用于双机架冗余配置。各型号背板槽位从左至右布局如下。

①LK104:10 槽背板,1 个通信模块槽、1 个控制器槽、8 个普通 I/O 槽。

②LK123:11 槽背板,1 个通信模块槽、2 个控制器槽、8 个普通 I/O 槽。

③LK130:4 槽背板,1 个电源槽、1 个控制器槽、2 个通信模块槽。

④LK132:6 槽背板,1 个电源槽、1 个控制器槽、4 个通信模块槽。

⑤LK133:7 槽背板,2 个冗余电源槽、1 个控制器槽、4 个通信模块槽。

LK133 主控背板如图 2.1 所示。

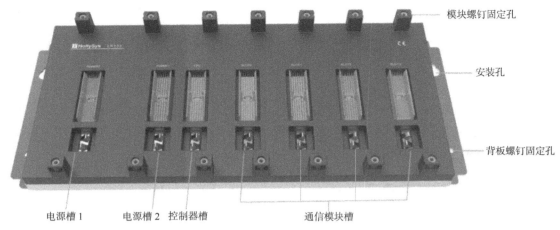

图 2.1　LK133 主控背板

2.1.2　电源模块

LK210 系列 PLC 的电源模块可独立安装。LK220 系列 PLC 的电源模块安装在主控背板的电源槽内,为主控背板提供 24 VDC 工作电源,包括 LK921 和 LK922 两种型号,可根据使用的主控背板灵活选配电源型号。其中,LK921 为直流电源适配模块,支持单电源配置。LK922 为冗余直流电源模块,支持单电源配置或双电源冗余配置。冗余配置时,两路输入电源通过背板冗余处理后转为 24 VDC 单路电源,为主控背板上的模块提供工作电源,可适用于 LK133 主控背板。LK922 冗余直流电源模块如图 2.2 所示。

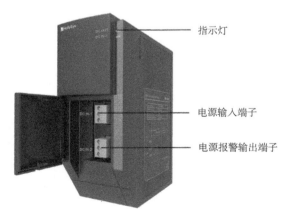

图 2.2　LK922 冗余直流电源模块

2.1.3　控制器模块

控制器模块用于系统运算、控制和存储,支持单机配置和冗余配置。LK 系列控制器分为 LK210 系列和 LK220 系列。其中,LK210 系列控制器分为 LK202、LK205、LK207、

LK210 四种型号。LK220 系列控制器分为 LK220、LK222、LK224 和 LK220T1 四种型号。不同型号的控制器对应的运算处理速度、通信资源以及数据区大小有所不同。

控制器模块安装在控制器插槽内,内置双路以太网口。LK210 系列控制器支持 Modbus TCP 协议和 Profibus-DP 协议,可通过 Profibus-DP 主站模块扩展 I/O 从站,最多可连接 124 个 I/O 从站。LK220 系列控制器除了扩展 Profibus DP 网络外,还可以支持 Modbus TCP 协议和 HolliTCP 协议,向上可连接上位组态软件、AutoThink 编程软件以及第三方上位软件,向下可扩展 I/O 模块。

LK 系列控制器通过配置高性能处理器,拥有纳秒级的处理速度,支持 Flash、SD 卡存储,以及热插拔、掉电保持、校时和故障自诊断功能。LK220 控制器模块如图 2.3 所示。

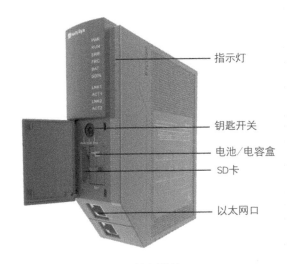

图 2.3　LK220 控制模块

控制器有三种工作模式——RUN 模式、PRG 模式和 REM 模式,可通过钥匙开关设置当前的工作模式,默认处于 REM 模式。三种模式的工作方式如下。

（1）RUN 模式:运行模式。不能通过编程软件停止用户程序,也不允许修改用户程序,不能强制复位和清除。

（2）PRG 模式:编程模式。用户程序停止运行,不能通过编程软件使之运行,可修改用户程序,进行强制、写入、复位、下装等操作。

（3）REM 模式:远程控制模式。可以通过编程软件控制用户程序的运行和停止。在该模式下,可以下装用户程序,包括完全下装和增量下装。

2.1.4　通信模块

LK 系列主控单元的通信模块安装在通信扩展插槽内,用于系统扩展或第三方设备通信,主要包括 LK240、LK241、LK245、LK246 和 LK249 模块。LK240 为冗余同步模块,用于 LK220 系列双机架冗余主控单元。LK241 模块和 LK249 模块分别用于 POWERLINK 工业以太网和 Profibus-DP 网络通信。LK245 和 LK246 模块用于 Modbus TCP 网络通信。

2.1.4.1　LK240 冗余同步模块

LK240 模块为大型 PLC 冗余系统中的冗余同步模块,是冗余系统中完成主机架与从机架之间数据同步交互的专用模块。主从机架之间通过各自的冗余同步模块以光纤作为介质进行冗余通信。模块通过背板连接器与主控背板连接。LK240 冗余同步模块如图 2.4 所示。

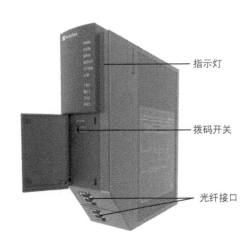

指示灯

拨码开关

光纤接口

图 2.4　LK240 冗余同步模块

LK240 冗余同步模块共有两组光纤通信接口,均为标准 LC 光纤接口,通信速率 1 Gbps 以上。每组光纤接口都包含一路 TX 和 RX,与另一机架的冗余同步模块交叉连接,一端发送另一端接收。模块上的两位式拨码开关用于设置当前控制器模块为 A 机或 B 机。拨至 SYS-A 位置,代表当前控制器模块为 A 机,拨至 SYS-B 位置,则代表当前控制器模块为 B 机。在改变拨码开关位置后,需要对当前机架进行重启操作。当发生以下情况之一时,将会进行主从控制器的切换。

①断电(其中一个控制器模块断电)。

②控制器发生主要故障(PCIE 链路故障、FPGA 故障)。

③插拔背板上的模块。

④背板上的任一模块故障。

⑤Profibus DP 主站模块通信链路故障,双路以太网连接断开。

⑥在 AutoThink 中调用主从切换指令进行切换。

⑦当 AutoThink 中组态了 LK246 以太网通信模块,当主机的 LK246 模块出现模块故障或者发生网络连接故障时,进行主从切换。

2.1.4.2　LK241 POWERLINK 主站通信模块

LK241 为 POWERLINK 主站通信模块,通过高速背板总线与控制器进行数据交互。该模块作为 POWERLINK 主站和 LK235 接口模块通信,用于扩展 I/O 子站。POWERLINK

主站周期性轮询 POWERLINK 从站,读取从站输入数据,并写入控制器下发的数据。
LK241 POWERLINK 主站通信模块如图 2.5 所示。

　　　　　　　　　　　　　　　　　　　　　　　　　　　指示灯

　　　　　　　　　　　　　　　　　　　　　　　　　　　以太网接口

图 2.5　LK241 POWERLINK 主站通信模块

　　LK241 模块支持环网冗余,可以直接和 LK235 接口模块(POWERLINK 接口模块)组成环网,也可以通过 SP100-2FP4T-SFP 交换机组成环网,最多可支持 32 个交换机,每个交换机可连接 4 个 LK235 接口模块。组成 LK235 环网时,最多可支持 40 个 LK235 接口模块。

2.1.4.3　以太网通信处理器模块

　　LK 系列以太网通信处理器模块有 LK245 和 LK246 两种类型。其中 LK245 模块为双路 10/100/1000 Mbps 以太网口,支持冗余,向上可连接 AutoThink 编程软件、HMI 和第三方上位软件。该模块支持 Modbus TCP 主从站协议,连接主、从站的最大数量各为 32 个,模块占用 CPU 资源,因此受控制器连接资源限制。

　　LK246 模块为高性能以太网通信处理器模块,与 CPU 分开,可单独作为 Modbus TCP 主站或从站使用,向上可连接 AutoThink 编程软件、HMI 和第三方上位软件。该模块支持 16 个 Modbus TCP 主从站协议,每个 Modbus TCP 主协议最多可添加 32 个从站设备,每个 LK246 模块最多可添加 64 个从站设备。LK246 模块如图 2.6 所示。

2.1.4.4　LK249 Profibus-DP 主站通信模块

　　LK249 模块为 LK220 系列 PLC 的 Profibus-DP 主站通信模块,通过背板连接器与主控背板连接,有 2 个互为冗余的 DB9 通信接口,用于连接 I/O 设备和冗余机架中的 Profibus-DP 主站通信模块。当前链路通信故障时,系统自动切换到另一条链路。该模块支持 Profibus-DP 主站通信协议,通过冗余 Profibus-DP 现场总线和 DP 接口模块通信,最多可连接 124 个从站设备。LK249 Profibus-DP 主站通信模块如图 2.7 所示。

指示灯

以太网接口

图 2.6　LK246 模块

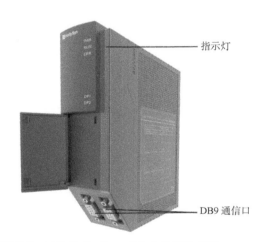

指示灯

DB9 通信口

图 2.7　LK249 Profibus-DP 主站通信模块

2.2　LK 系列 I/O 单元

　　LK 系列 I/O 单元主要用于 LK 系列 PLC 各种网络结构中 I/O 链路的扩展以及现场 I/O 数据的采集,包括扩展背板、通信接口模块以及 I/O 模块。

2.2.1　扩展背板

　　扩展背板用于安装通信接口模块和普通 I/O 模块,包含一个通信插槽和若干个 I/O 插槽,有 LK117 和 LK118 两种型号,分别对应 11 槽和 5 槽。LK118 扩展背板如图 2.8 所示。

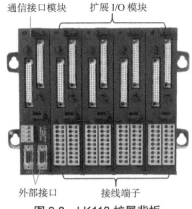

图 2.8　LK118 扩展背板

扩展背板上的接线端子和外部接口,用于连接系统电源、Profibus-DP 通信和 I/O 线缆,背板上每个端子座都对应一个 I/O 模块,通过 I/O 线缆直接连接现场信号。

扩展背板上的接口分为电源接口和通信接口两部分,其中电源接口是 24 VDC 输入,支持冗余供电。通信接口是 Profibus-DP 总线接口,支持冗余通信,提供 Profibus-DP 总线输入和输出接口,允许多个背板级联,背板之间可远程分布,通过 Profibus-DP 总线接口与本地背板上的控制器模块进行通信和数据交换。背板上还有一个拨码开关,用于设置 Profibus-DP 从站通信地址。扩展背板的电源和通信接口如图 2.9 所示。

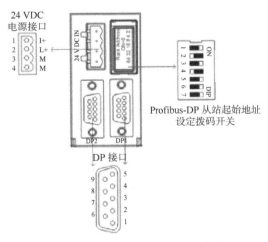

图 2.9　扩展背板的电源和通信接口

2.2.2　通信接口模块

通信接口模块安装在扩展背板的第一个槽位,用于实现总线信号的接收放大,或者将总线分为多个网段,提升系统总线信号质量和扩大系统规模。LK 系统不同的网络拓扑结构,对应不同型号的通信接口模块。

2.2.2.1　LK232 Profibus-DP 总线重复器模块(Profibus-DP 接口模块)

　　LK232 是 Profibus-DP 总线重复器模块,可搭配 LKA104(Profibus-DP 总线连接器模块)使用,用于在 Profibus-DP 网络结构中实现 Profibus-DP 总线扩展功能。LK232 Profibus-DP 总线重复器模块如图 2.10 所示。

图 2.10　LK232 Profibus-DP 总线重复器模块

　　LK232 模块为 Profibus-DP 总线提供终端匹配电阻,模块内置终端匹配拨码开关(J4、J5、J6),通过拨码开关设置是否给 Profibus-DP 总线连接有源匹配电阻网络。出厂设置默认为 J4 断开终端匹配电阻,J5 和 J6 接通终端匹配电阻。

2.2.2.2　LK234 以太网接口扩展模块(HolliTCP 接口模块)

　　LK234 是 HolliTCP 转 DP 通信模块,是与 LK220 系列控制器和 I/O 模块进行通信的接口模块,通过两路冗余的 HolliTCP 通信接口与控制器进行数据通信,通过两路冗余的 Profibus-DP 总线与 Profibus-DP 从站进行数据通信。该模块在 HolliTCP 协议侧作为从站,在 Profibus-DP 协议侧作为主站。1 个 LK234 模块最多支持连接 10 个 I/O 模块。LK234 以太网接口扩展模块如图 2.11 所示,图 2.11(a)为 LK234 模块正面示意图,图 2.11(b)为 LK234 模块侧面示意图。

　　LK234 通信接口模块自带 2 路冗余以太网口,模块 IP 地址中前 3 字段通过 Auto Think 编程软件组态软件中的小工具【 网络配置 】进行设置,第 4 字段通过模块面板上的 3 个 10 位 IP 拨码开关组合设置。例如,设置 LK234 模块的 IP 地址为 ×.×.×.15,则将百位拨码开关拨到 0,十位拨码开关拨到 1,个位拨码开关拨到 5 即可。第 4 字段 IP 地址设置说明见表 2.1。

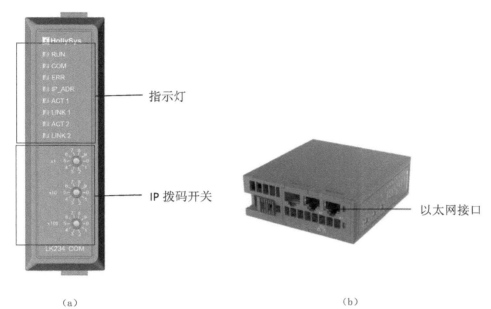

（a）　　　　　　　　　　　　　　　　　（b）

图 2.11　LK234 以太网接口扩展模块

（a）LK234 模块正面示意图　（b）LK234 模块侧面示意图

表 2.1　第 4 字段 IP 地址设置说明

IP 地址	拨码开关设置值	含义	功能描述	备注
×.×.×.0	0	IP 复位	当拨码开关设置值为 0 时,则复位 LK234 的 IP 地址为默认值 128.0.0.249、129.0.0.249	—
×.×.×.1	1	网关地址	—	不建议设置
×.×.×.255	255	广播地址	—	不建议设置
×.×.×.249	256~999	默认 4 字段 IP 地址	当拨码开关设置值为 256~999 时,第 4 字段的 IP 地址为 249	当拨码开关设置值为 999 时,上电会自动将 LK234 配置文件进行删除

　　LK234 模块 IP 地址前 3 字段的设置方法如图 2.12 所示。其中图 2.12（a）为设置路径,图 2.12（b）为具体设置方法。

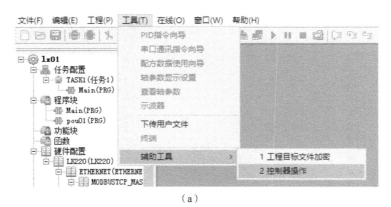

（a）

（b）

图 2.12　LK234 模块 IP 地址前 3 字段设置方法

（a）设置路径　（b）具体设置方法

　　成功连接到 LK234 模块后,可读取该模块的 IP 地址,第 4 字段显示拨码开关设置的地址,不可修改。在 IP 地址框中输入要修改的前 3 字段 IP 地址,单击 IP 修改,完成地址设置。

2.2.2.3　LK235 POWERLINK 接口模块

　　LK235 为 POWERLINK 接口模块,用于 POWERLINK 主站和 I/O 从站之间数据转发和通信转换。该模块支持 POWERLINK 从站协议,通过 POWERLINK 以太网实现控制器与 I/O 模块之间的数据交互。LK235 模块如图 2.13 所示。其中,图 2.13（a）为 LK235 模块正面,图 2.13（b）为模块侧面。

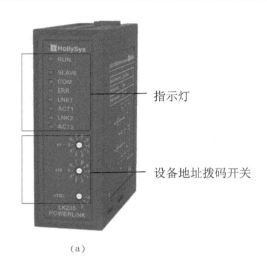

（a）

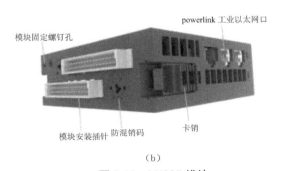

（b）

图 2.13　LK235 模块

（a）LK235 模块正面　（b）LK235 模块侧面

该模块自带 2 路 POWERLINK 以太网接口,可用于和其他 I/O 从站或交换机组成环网。模块通过前面板上的 3 个拨码开关设置设备地址。其中,个位和十位为 10 位拨码开关,百位为 3 位拨码开关。例如,要将设备地址设置为 16,则将个位拨码开关拨到 6,十位拨码开关拨到 1,百位拨码开关拨到 0。模块拨码开关可设置值范围为 1~239。每个 LK235 模块最多支持连接 10 个 I/O 模块。

2.2.3　I/O 模块

I/O 模块是 I/O 单元的重要组成部分,I 即输入,O 即输出。输入模块负责采集现场的数据并进行转换和数据处理,然后上传给控制器,输出模块负责将控制器下发的数据输出至现场,用于驱动执行器动作。其中,模拟量输入信号根据信号类型可分为电流信号、热电阻信号和热电偶信号,不同类型的信号需选择对应型号的 I/O 模块。

2.2.3.1　8 通道电流型模拟量输入模块(LK411)

LK411 为 8 通道电流型模拟量输入模块,用于对现场电流信号进行检测。该模块可测电流范围为 0~20.58 mA,支持越限报警、超量程报警、热插拔和断线检测,可进行现场校准,系统与现场电源隔离供电。

该模块的系统 24 VDC 电源经过隔离输出 5 VDC 给现场接口电路供电,接口电路与其余电路部分采用光耦隔离连接,实现现场电路对系统的隔离。LK411 模块内部结构框图如图 2.14 所示。

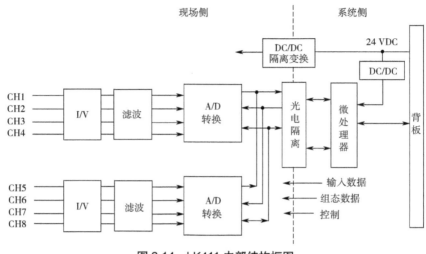

图 2.14　LK411 内部结构框图

该模块的通道接口部分接收现场采集来的电流信号,先经电流/电压变换、滤波、A/D 转换成数字信号,再经过光电隔离后,由模块的微处理器读取,通过 Profibus-DP 总线上传控制器模块。LK411 通道接口电路图如图 2.15 所示。

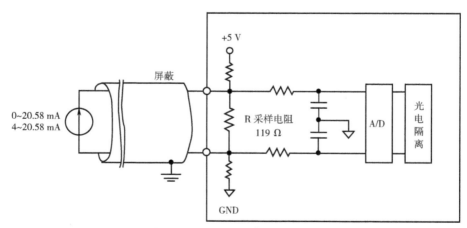

图 2.15　LK411 通道接口电路图

LK411 模块的输入通道不对外供电,如接两线制变送器,需要单独外接 24 VDC 现场电源给变送器供电,为了现场与系统隔离,不能和背板供电电源共用。LK411 背板端子接线如图 2.16 所示。其中奇数端子序号为电流输入正端,偶数端子序号为电流输入负端,17、18 端子不用,禁止接线。

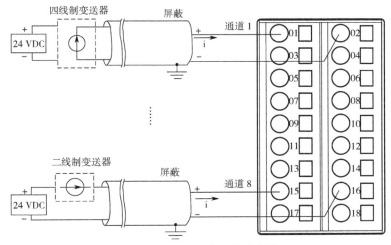

图 2.16　LK411 背板端子接线

2.2.3.2　6 通道热电阻型模拟量输入模块(LK430)

LK430 为 6 通道热电阻型模拟量输入模块,用于接收热电阻信号。该模块支持两线制、三线制、四线制接法,可接收的电阻测量范围为 1~4 020 Ω。该模块支持越限报警、断线检测、热插拔和现场校准操作,系统与现场电源隔离供电。

LK430 模块的 24 VDC 系统电源经过隔离输出 5 VDC 给接口电路供电,接口电路与系统间采用光耦隔离,从而实现系统对现场通道的电气隔离。LK430 模块内部结构框图如图 2.17 所示。

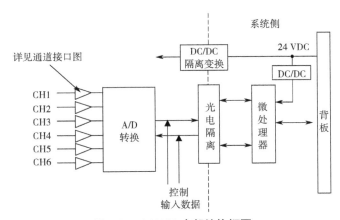

图 2.17　LK430 内部结构框图

LK430 模块采用恒流源激励的测量法。这种测量法相对于传统的电桥测量法,可以更有效地消除电桥不平衡时 RTD 长导线的线电阻对测量精度的影响。LK430 模块通道接口电路图如图 2.18 所示。

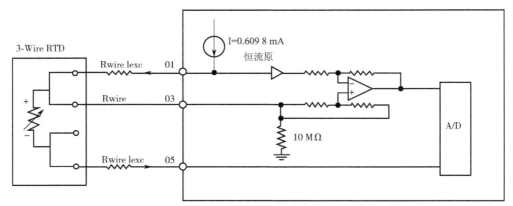

图 2.18　LK430 模块通道接口电路图

根据实际接入热电阻元件的具体情况,两线制、三线制和四线制接线方法有所不同。按照接线端子上、下位置分布,每 3 个端子对应 1 个信号,具体接线方法如图 2.19 所示。

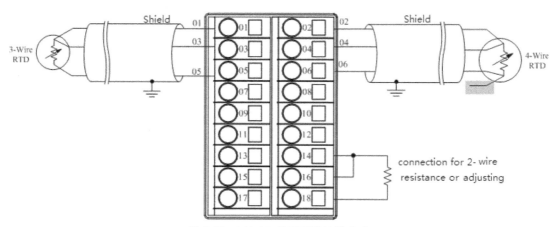

图 2.19　LK430 背板端子接线方法

2.2.3.3　8 通道热电偶型模拟量输入模块(LK441)

LK441 为 8 通道热电偶型模拟量输入模块,用于接收热电偶信号或 mV 信号,可接收 mV 信号的范围为 −12~32 mV/−12~78 mV。LK441 模块支持 B、E、J、K、R、S、T、N、C 分度的热电偶元件,可对热电偶冷端温度进行补偿;支持断线报警、超限报警、超量程报警;支持热插拔和现场校准操作。

LK441 模块的 24 VDC 系统电源经过隔离输出 2.5 VDC 给接口电路供电,接口电路与系统间采用光耦隔离,实现系统对现场通道的电气隔离。现场信号经 A/D 转换器转换成数字信号后经过光电隔离,由模块内的微处理器读取,再通过 Profibus-DP 总线上报给控制器模块。LK441 模块内部结构框图和通道接口电路图如图 2.20 和图 2.21 所示。

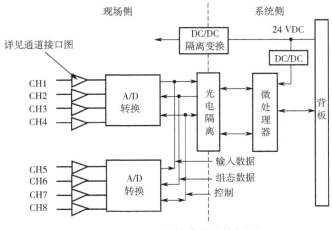

图 2.20　LK441 模块内部结构框图

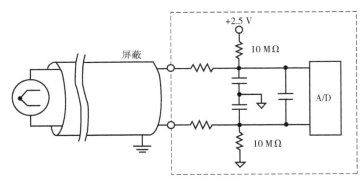

图 2.21　LK441 模块通道接口电路

　　LK441 模块安装在扩展背板上,在背板接线端子侧,从左至右每两个端子对应一个信号,分别接入热电偶信号或 mV 信号输入正端和负端(奇数端子序号为电流输入正端,偶数端子序号为电流输入负端)。如设定冷端温度补偿,则 17、18 端子不接线。LK441 背板端子接线图如图 2.22 所示。

2.2.3.4　4 通道电流型模拟量输出模块(LK511)

　　LK511 为 4 通道电流型模拟量输出模块,通道间隔离,输出电流信号的范围为 4~20 mA/0~21 mA。该模块支持故障模式输出、输出回读通道自诊断、断线检测,支持热插拔和现场校准操作。

　　该模块通过 Profibus-DP 总线将输出数据发送到 LK511 模块,经 DAC 转换成电压信号,驱动电路接收 DAC 输出的电压信号,经压流变换,调整放大后输出电流信号,控制现场执行器动作。

　　输出通道之间电气隔离, 24 VDC 电源经隔离转换后单独供给每个通道。同时,各通道接口电路与其余电路部分采用光耦隔离连接,从而实现现场侧和系统侧的隔离。LK511 模块内部结构框图和通道接口电路图如图 2.23 和图 2.24 所示。

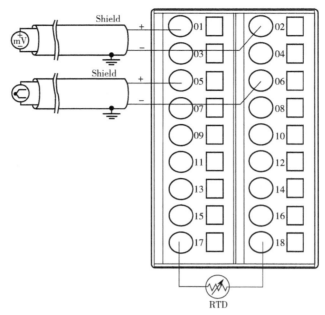

图 2.22　LK441 背板端子接线图

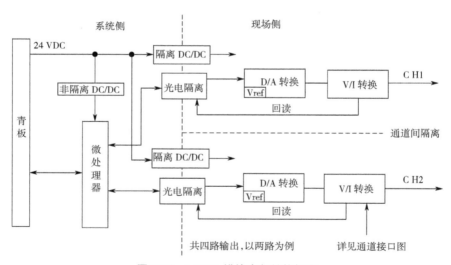

图 2.23　LK511 模块内部结构框图

　　LK511 模块安装在扩展背板上,每相邻的 4 个端子对应 1 个通道,每路信号分别用两根导线连接现场设备。其中端子 1、5、9、13 对应电流输出正端,端子 2、6、10、14 对应电流输入负端,LK511 背板端子接线图如图 2.25 所示。

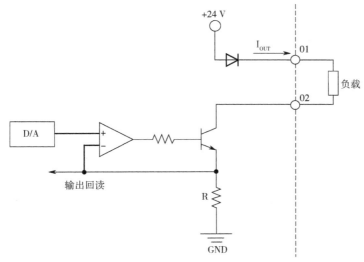

图 2.24　LK511 模块通道接口电路图

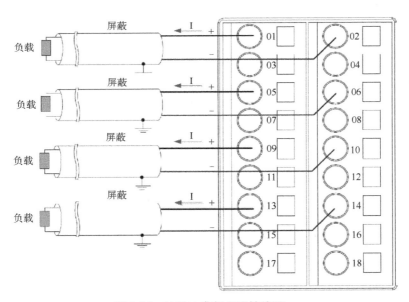

图 2.25　LK511 背板端子接线图

2.2.3.5　16 通道漏型数字量输入模块(LK610)

　　LK610 为 16 通道漏型数字量输入模块,用于接收现场开关量信号。该模块支持的现场电源电压范围为 10~31.2 VDC,支持现场电源掉电检测和现场电源反向保护,支持 Profibus-DP 从站协议,支持热插拔操作,现场各通道与系统之间相互隔离。

　　该模块采用漏型数字量输入,现场电源的负极连接 16 通道公共端。开关的一端连接现场电源正极,另一端连接 DI 通道的输入端。当开关闭合后,电流从输入端流入光耦,经过光耦,从公共端流出,流回现场电源负极。当输入电压为 10~31.2 VDC 时,光耦的发光二极管侧导通,经触发器输出高电平;当输入电压小于等于 5 VDC 或输入电流小于等于 1.5 mA

时,光耦的发光二极管侧截止,经触发器输出低电平。LK610 通道接口电路图如图 2.26 所示。

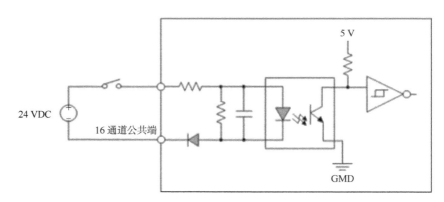

图 2.26　LK610 通道接口电路图

LK610 接收 16 路湿接点信号,16 路回路电源由外部 24 VDC 电源提供。该电源须单独配置,不能和背板供电电源共用。16 路触点的一端分别连接对应通道的接线端子(01~16),另一端则全部短接至现场电源负端。LK610 模块 16 路 DI 通道接口框图如图 2.27 所示,为 LK610 模块对应背板端子接线图如图 2.28 所示。

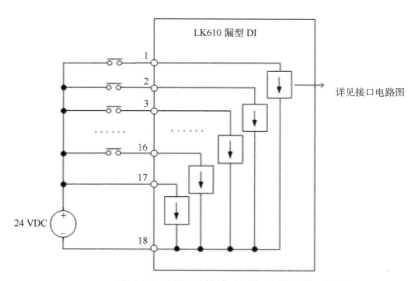

图 2.27　LK610 模块 16 路 DI 通道接口框图

2.2.3.6　16 通道数字量输出模块(LK710)

LK710 为 16 通道数字量输出模块,用于输出控制器下发的数字量指令。该模块输出电压范围为 10~31.2 VDC,支持现场电源掉电检测,支持热插拔操作,具有过流保护及输出回读诊断功能。

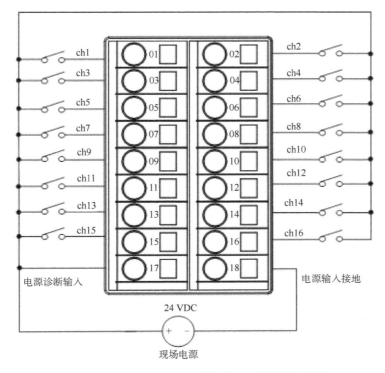

图 2.28　LK610 模块对应背板端子接线图

控制器模块通过高速总线将输出数据和预制时间写入 LK710 的数据存储区。该数据控制 MOSFET 电子开关输出闭合或断开指令。当控制信号为高电平时,光耦二极管侧导通,电子开关闭合驱动负载,实现数字量输出。

负载的一端连接现场电源负极,另一端连接 LK710。MOSFET 电子开关闭合后,从开关流出电流供电给负载。LK710 通道接口电路图如图 2.29 所示。

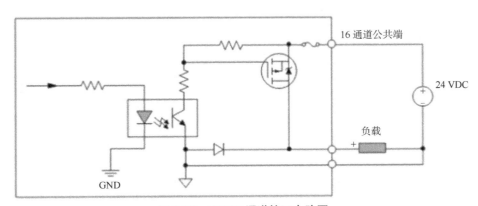

图 2.29　LK710 通道接口电路图

K710 输出触点类型为干接点,需要连接 24 VDC 现场电源,才能驱动电子开关的输出。LK710 的 16 个通道共用一个现场电源,该电源与系统电源隔离,须单独配置。LK710 对应背板端子接线图如图 2.30 所示。

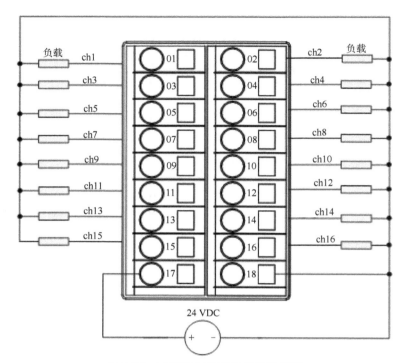

图 2.30　LK710 对应背板端子接线图

2.2.3.7　14 通道 SOE 模块(LK631)

　　LK631 为 24 VDC 14 通道 SOE 模块。该模块通过缓存区可以对 SOE 事件进行记录并缓存,可缓存 3072 条事件,LK220 系列时间分辨率可达 0.1 ms,主要用于判断开关量动作顺序。模块支持的现场电源电压为 20.4~28.8 VDC,支持通道断线检测和现场电源掉电检测,支持 Profibus-DP 从站协议和带电热插拔操作,支持 SOE 事件存储数超限报警。

　　LK631 模块采用漏型输入,采集现场 14 路开关量信号。开关闭合后,电流流入输入通道。当输入电压为 15~30 V 时,通道采集高电平;当电压小于 5 V 时,通道采集低电平。当采集到的数字量信号出现跳变时,模块记录一次 SOE 事件。当 SOE 事件存储数超过最大存储量的 70% 时,上报超限预警,当超过最大存储量的 100% 时,上报溢出警告。

　　该模块通过 NTP 校时和 IRIG-B 校时两种方式校对 SOE 时标精度,通过 AutoThink 编程软件可组态校时模式。LK631 模块对应背板端子接线图如图 2.31 所示。

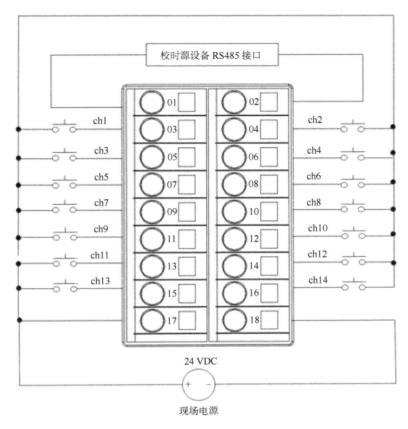

图 2.31　LK631 模块对应背板端子接线图

2.3　LK 系列硬件选型配置

为了更灵活地掌握 LK 系列 PLC 硬件系统,本节对 LK 系列硬件选型规范、步骤及各种不同网络拓扑结构中的硬件选型配置进行详细介绍。

LK 系列硬件选型须根据现场信号类型的需求和系统点位选择对应型号和数量的模块。具体选型步骤如下。

(1)选择 I/O 模块:根据现场信号类型要求,选择相应的 I/O 模块类型;按系统点数及余量要求配置 I/O 模块的数量。

(2)选择通信模块:根据网络要求及通信类型选择相应的通信模块,LK 系列支持的通信协议有 Modbus TCP、Profibus-DP、Modbus RTU、自由口协议等。

(3)选择 CPU 模块:根据 I/O 容量、控制工艺的复杂程度(内存需求)以及系统安全性(是否需冗余配置)选择相应的 CPU 模块。

(4)选择背板:根据 I/O 模块的数量选择相应槽数的背板,背板包括本地背板和扩展背板。

（5）选择电源：根据模块的背板电流损耗之和不超过所选电源功率的 70% 确定电源模块型号及数量。

（6）生成配置表：生成 LK 系列硬件配置表。

2.3.1　LK210 系列 PLC 硬件配置

LK210 系列 PLC 可作单机使用，也可选择 LK210 型号的 CPU 进行热备冗余配置。其中单机配置可根据工艺复杂程度和系统带点量，选择 LK202、LK205、LK207 型号中的一种 CPU 模块。主控单元由本地背板、通信接口模块、CPU 模块和 I/O 模块组成。I/O 单元由扩展背板、通信接口模块和 I/O 模块组成。LK210 系列主、从站之间通过通信接口模块（LK232）及冗余 Profibus-DP 总线进行通信。LK210 系列 PLC 配置见表 2.2。

表 2.2　LK210 系列 PLC 配置

序号	型号	规格参数	数量
1	LK104	本地背板，10 槽	1
2	LK205	266 MHz，位指令 0.03 ms/K，程序 8 MB，数据 64 MB+1 MB 掉电保持区	1
3	LK232	Profibus-DP 通信接口模块	$n+1$
4	LK117	I/O 扩展背板，11 槽，DB9 接口	n
5	LKA101	Profibus-DP 总线连接器	$2 \times (n+1)$
6	HPW2405G	电源模块，输出 24 VDC 和 5 A	m

注：1.n 为 LK117 数量，LK232 和 LKA104 数量可根据 LK117 数量确定。

　　2.m 为 HPW2405G 数量，原则上 3 个背板需配置 1 个 HPW2405G，如 PLC 柜内背板数 ≤3，则 1 个柜子配置 1 个 HPW2405G。

LK210 系列 PLC 配置如图 2.32 所示。

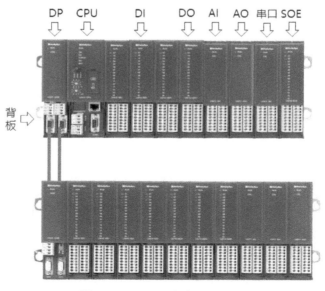

图 2.32　LK210 系列 PLC 配置

2.3.2　LK220 系列单机 PLC 硬件配置

LK220 系列 PLC 选择不同型号的通信模块对应不同的通信方式和不同的网络拓扑结构。LK220 系列单机 PLC 可配置的网络结构有 Profibus-DP 总线网络、HolliTCP 网络和 POWERLINK 工业以太网。其中,Profibus-DP 总线网络是应用较早的一种通信技术,价格便宜,应用简单。HolliTCP 网络和 POWERLINK 工业以太网都属于以太网,前者价格较低,后者性能更好,更适用于大型网络。

2.3.2.1　LK220 系列单机 PLC Profibus-DP 方式配置

LK220 系列单机 PLC 的 Profibus-DP 方式配置须选择 Profibus-DP 主站通信模块(LK249)及对应的 DP 接口模块实现网络拓扑功能。主控单元由 4 槽主控背板、电源模块、CPU 模块、Profibus-DP 主站通信模块(LK249)及槽位占空模块(LK141)组成,I/O 单元由扩展背板、Profibus-DP 接口模块及 I/O 模块组成。其中,主控单元中的 LK249 可插第三槽或第四槽,须通过软件组态配置槽位号。LK220 系列单机 PLC 的 Profibus-DP 方式配置表见表 2.3。

表 2.3　LK220 系列单机 PLC 的 Profibus-DP 方式配置表

序号	型号	规格参数	数量
1	LK130	4 槽背板模块	1
2	LK921	双路 24 V 电源转接模块,输入电压 20.4~28.8 VDC,输入端子可独立插拔	1
3	LK220	600 MHz,程序 32 MB,512 KB 掉电保持区,支持冗余	1
4	LK249	Profibus-DP 主站通信模块,2 路 ProfibusDP 通信接口	1
5	LK141	槽位占空模块	1
6	LKA102	电容供电盒模块	1
7	LKA104	Profibus-DP 总线连接器(冗余 Profibus-DP 总线)	$(n+1) \times 2$
8	LK117	I/O 扩展背板,11 槽,DB9 接口	n
9	LK232	Profibus-DP 接口模块	n
10	LK910	电源模块,输出 24 VDC 和 5 A	m

注:1.n 为 LK117 数量,LK232 和 LKA104 数量可根据 LK117 数量确定。

2.m 为 LK910 数量,原则上 3 个背板需配置 1 个 LK910,如 PLC 柜内背板数 ≤3,则 1 个柜子配置 1 个 LK910。

LK220 系列单机 Profibus-DP 方式配置如图 2.33 所示。

2.3.2.2　LK220 系列单机 PLC HolliTCP 方式配置

LK220 系列单机 PLC HolliTCP 方式配置是通过控制器模块自带的以太网口进行扩展的,因此,主控单元不需要额外配置通信模块,只需选择对应的电源模块和 CPU 模块。I/O 单元须通过 HolliTCP 接口模块(LK234)将 HolliTCP 协议转成 Profibus-DP 协议,进行通信。如需要组建 HolliTCP 环网,须选择对应型号的交换机并支持环网协议。LK220 系列单机 PLC HolliTCP 方式配置表见表 2.4。

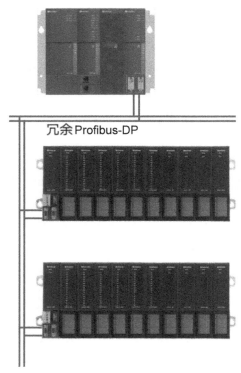

图 2.33　LK220 系列单机 Profibus-DP 方式配置

表 2.4　LK220 系列单机 PLC HolliTCP 方式配置表

序号	型号	规格参数	数量
1	LK130	4 槽背板模块	1
2	LK921	双路 24 V 电源转接模块,输入电压 20.4~28.8 VDC,输入端子可独立插拔	1
3	LK220	600 MHz,程序 32 MB,512 KB 掉电保持区,支持冗余	1
5	LK141	槽位占空模块	2
6	LKA102	电容供电盒模块	1
7	LK117	I/O 扩展背板,11 槽,DB9 接口	n
8	LK234	HolliTCP 接口模块	n
9	HPW2405G	电源模块,输出 24 VDC 和 5 A	m
10	GM010-ISW-8L-A-A01	2 光 6 电交换机,多模	$n+1$

注:1.n 为 LK117 数量,LK234 数量可根据 LK117 数量确定。

　2.m 为 HPW2405G 数量,原则上 3 个背板需配置 1 个 HPW2405G,如 PLC 柜内背板数 ≤3,则 1 个柜子配置 1 个 HPW2405G。

LK220 系列单机 PLC HolliTCP 方式配置如图 2.34 所示。

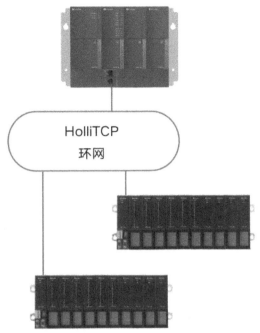

图 2.34　LK220 系列单机 PLC HolliTCP 方式配置

2.3.2.3　LK220 系列单机 PLC POWERLINK 方式配置

　　LK220 系列单机 PLC 的 POWERLINK 方式配置须选择 POWERLINK 主站通信模块（LK241）和对应的接口模块（LK235）实现网络拓扑功能。主控单元由 4 槽主控背板、电源模块、CPU 模块、POWERLINK 主站通信模块及槽位占空模块组成。I/O 单元由扩展背板、POWERLINK 接口模块及 I/O 模块组成。LK220 系列单机 PLC POWERLINK 方式配置表见表 2.5。

表 2.5　LK220 系列单机 PLC POWERLINK 方式配置表

序号	型号	规格参数	数量
1	LK130	4 槽背板模块	1
2	LK921	双路 24 V 电源转接模块,输入电压 20.4~28.8 VDC,输入端子可独立插拔	1
3	LK220	600 MHz,程序 32 MB,512 KB 掉电保持区,支持冗余	1
4	LK241	POWERLINK 主站通信模块	1
5	LK141	槽位占空模块	1
6	LKA102	电容供电盒模块	1
7	LK117	I/O 扩展背板,11 槽,DB9 接口	n
8	LK235	POWERLINK 接口模块	n
9	HPW2405G	电源模块,输出 24 VDC 和 5 A	m
10	SP100-2FP4T-SFP	POWERLINK 工业以太网交换机	x

注:1.n 为 LK117 数量,LK235 数量可根据 LK117 数量确定。

　2.m 为 HPW2405G 数量,原则上 3 个背板需配置 1 个 HPW2405G,如 PLC 柜内背板数 ≤3,则 1 个柜子配置 1 个 HPW2405G。

　3.x 可根据实际方案选择。

LK220 系列单机 PLC POWERLINK 方式配置如图 2.35 所示。

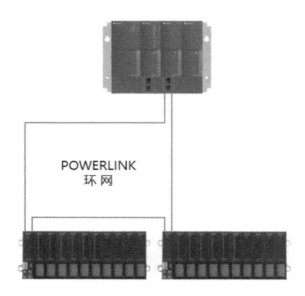

图 2.35　LK220 系列单机 PLC POWERLINK 方式配置

2.3.3　LK220 系列冗余 PLC 硬件配置

　　LK220 系列冗余 PLC 硬件配置是对主控单元进行冗余配置,分 A 系和 B 系,每套主控单元都包括主控背板、电源模块、CPU 模块、冗余同步模块和通信模块。两套主控单元通过冗余同步模块(LK240)和冗余同步光纤(LKA106)进行数据同步。

　　LK220 系列冗余 PLC 硬件配置支持 Profibus-DP 总线网络、HolliTCP 网络和 POWERLINK 工业以太网,根据通信需求配置不同型号的通信模块实现网络拓扑功能。

2.3.3.1　LK220 系列冗余 PLC Profibus-DP 方式配置

　　LK220 系列冗余 PLC Profibus-DP 方式配置是在单机 Profibus-DP 方式配置的基础上增加了一套冗余主控单元,每套主控单元都由主控背板、电源模块、CPU 模块、冗余同步模块和 Profibus-DP 通信模块(LK249)组成。I/O 单元和 LK220 系列单机 PLC Profibus-DP 方式配置一样。LK220 系列冗余 PLC Profibus-DP 方式配置表见表 2.6。

表 2.6　LK220 系列冗余 PLC Profibus-DP 方式配置表

序号	型号	规格参数	数量
1	LK130	4 槽背板模块	2
2	LK921	双路 24 V 电源转接模块,输入电压 20.4~28.8 VDC,输入端子可独立插拔	2
3	LK220	600 MHz,程序 32 MB,512 KB 掉电保持区,支持冗余	2
4	LK240	冗余同步模块,2 路光纤通信接口,接口类型为 LC 型	2
5	LK249	Profibus-DP 主站通信模块,2 路 Profibus-DP 通信接口	2

（续）

序号	型号	规格参数	数量
6	LKA106	同步光纤,1 m	2
7	LKA102	电容供电盒模块	2
8	LKA104	Profibus-DP 总线连接器	$2 \times (n+2)$
9	LK117	I/O 扩展背板,11 槽,DB9 接口	n
10	LK232	Profibus-DP 接口模块	n
11	HPW2405G	电源模块,输出 24 VDC 和 5 A	$m+2$

注:1.n 为 LK117 数量,LK232 和 LKA104 数量可根据 LK117 数量确定。

　　2.m 为 HPW2405G 数量,原则上 3 个背板需配置 1 个 HPW2405G,如 PLC 柜内背板数 ≤3,则 1 个柜子配置 1 个 HPW2405G。

　　LK220 系列冗余 PLC Profibus-DP 方式配置如图 2.36 所示。

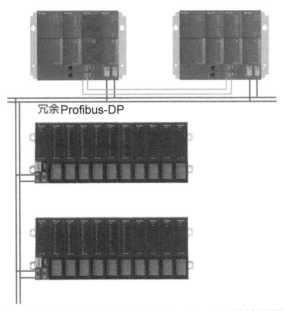

图 2.36　LK220 系列冗余 PLC Profibus-DP 方式配置

2.3.3.2　LK220 系列冗余 PLC HolliTCP 方式配置

　　LK220 系列冗余 PLC HolliTCP 方式配置是在单机 PLC HolliTCP 方式配置的基础上增加了一套冗余主控单元,并组成了冗余环网。如果需要向上扩展以太网,则可在每套主控单元的空槽位安装智能以太网通信模块（LK246）。PLC 通过控制器模块向下扩展 I/O 子站,通过 LK246 模块向上扩展以太网,用于实现上位监控、组态等。LK220 系列冗余 PLC Holli-TCP 方式配置表见表 2.7。

表 2.7　LK220 系列冗余 PLC HolliTCP 方式配置表

序号	型号	规格参数	数量
1	LK130	4 槽背板模块	2
2	LK921	双路 24 V 电源转接模块,输入电压 20.4~28.8 VDC,输入端子可独立插拔	2
3	LK220	600 MHz,程序 32 MB,512 KB 掉电保持区,支持冗余	2
4	LK240	冗余同步模块,2 路光纤通信接口,接口类型为 LC 型	2
5	LK246	智能以太网通信模块	2
6	LKA106	同步光纤,1 m	2
7	LKA102	电容供电盒模块	2
8	LK117	I/O 扩展背板,11 槽,DB9 接口	n
9	LK234	HolliTCP 接口模块	n
10	HPW2405G	电源模块,输出 24 VDC 和 5 A	$m+2$
11	GM010-ISW-8L-A-A01	2 光 6 电交换机,多模	$2n+2$

注: 1. n 为 LK117 数量,LK234 可根据 LK117 数量确定。

　　2. m 为 HPW2405G 数量,原则上 3 个背板需配置 1 个 HPW2405G,如 PLC 柜内背板数 ≤3,则 1 个柜子配置 1 个 HPW2405G。

　　3. 监控网交换机单独配置。

LK220 系列冗余 PLC 的 HolliTCP 方式配置如图 2.37 所示。

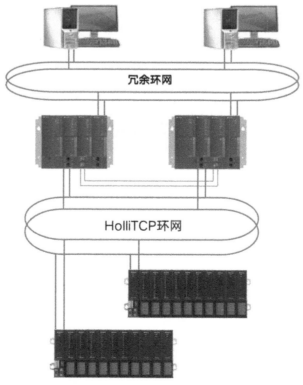

图 2.37　LK220 系列冗余 PLC HolliTCP 方式配置

2.3.3.3　LK220 系列冗余 PLC POWERLINK 方式配置

LK220 系列冗余 PLC POWERLINK 方式配置是在单机 PLC POWERLINK 方式配置的基础上增加了一套冗余主控单元,并组成了 POWERLINK 环网。每套主控单元都由主控背板、电源模块、CPU 模块、冗余同步模块和 POWERLINK 主站通信模块(LK241)组成。如果需要向上扩展以太网络,则可采用 6 槽主控背板,在每套主控单元的空槽位安装智能以太网通信模块(LK246), PLC 通过 LK241 模块向下扩展 I/O 子站,通过 LK246 模块向上扩展以太网。空余槽位安装占空模块。LK220 系列冗余 PLC POWERLINK 方式配置表见表 2.8。

表 2.8　LK220 系列冗余 PLC POWERLINK 方式配置表

序号	型号	规格参数	数量
1	LK132	6 槽背板模块	2
2	LK921	双路 24 V 电源转接模块,输入电压 20.4~28.8 VDC,输入端子可独立插拔	2
3	LK220	600 MHz,程序 32 MB,512 KB 掉电保持区,支持冗余	2
4	LK240	冗余同步模块,2 路光纤通信接口	2
5	LK241	POWERLINK 通信模块,2 个 RJ45 接口	2
6	LK246	智能以太网通信模块	2
7	LK141	槽位占空模块	2
8	LKA106	同步光纤,1 m	2
9	LKA102	电容供电盒模块	2
10	LK117	I/O 扩展背板,11 槽,DB9 接口	n
11	LK235	POWERLINK 接口模块	n
12	HPW2405G	电源模块,输出 24 VDC 和 5 A	$m+2$
13	SP100-2FP4T-SFP	POWERLINK 工业以太网交换机	x

注: 1.n 为 LK117 数量,LK235 数量可根据 LK117 数量确定。
　 2.m 为 HPW2405G 数量,原则上 3 个背板需配置 1 个 HPW2405G,如 PLC 柜内背板数 ≤3,则 1 个柜子配置 1 个 HPW2405G。
　 3.x 可根据实际方案选择。
　 4.监控网交换机单独配置。

LK220 系列冗余 PLC POWERLINK 方式配置如图 2.38 所示。

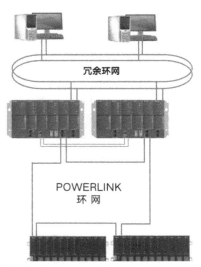

图 2.38　LK220 系列冗余 PLC POWERLINK 方式配置

2.4　LK 系列硬件组态应用

　　前文分别对 LK 系列硬件组成及选型配置进行了详细介绍,为更好地针对工程需要进行硬件配置,下面将以具体的工程应用为例,结合组态软件,进行 LK 系列硬件组态应用的介绍。

　　和利时 LK\LE\MC\MKC 系列 PLC 对应的组态软件为 FA - AT_V3。该版本软件支持 Windows XP SP3（32 位）和 Win7/Win10（32/64 位）,软件安装方便,编程指令丰富,采用树形结构进行硬件配置、任务配置以及用户程序、数据等组态,支持离线仿真、在线调试、程序检查、用户自定义库等功能。

　　【例】某智能水厂自控改造项目,要求对该水厂进行升级改造建设,解决工作强度大、设备智能化程度低等问题,实现远程管控的目标,进而达到少人或无人值守的目的。

　　1.控制要求

　　（1）分别对取水泵房、加药间、自动加药系统、送水泵房、排水排泥池、沉淀池及仪表系统进行改造,实现对各设备的远程监视及控制。

　　（2）采用 LK220 系列单机 PLC 配置和 Profibus-DP 网络结构,对 1 个主站、2 个子站和 2 台上位机进行远程监控。

　　2.I/O 清单

　　根据控制要求及具体的设备规模统计 I/O 测点,其中 DI 点 89 个, DO 点 40 个, AI 点 29 个,AO 点 8 个,并生成相应的硬件配置表,见表 2.9。

表 2.9　智能水厂自控改造项目硬件配置表

序号		名称	型号	描述	数量
主站	1	电源模块	LK921	直流电源适配模块	1
	2	主背板	LK130	4 槽主控背板	1
	3	CPU	LK220	CPU 模块, 600 MHz, 程序 32 MB, 512 KB 掉电保持区, 支持冗余	1
	4	Profibus-DP 主站通信模块	LK249	Profibus-DP 主站通信模块	1
	5	占空模块	LK141	占空模块	1
	6	电池	LKA103	LK220 电容供电盒模块	1
子站	1	Profibus-DP 通信转接模块	LK232	Profibus-DP 通信转接模块	2
	2	扩展背板	LK117	I/O 扩展背板, 11 槽, DB9 接口	2
	3	DI 模块	LK610	16 通道数字量输入模块, 24 VDC, 漏型	6
	4	DO 模块	LK710	16 通道数字量输出模块, 10~30 VDC, 晶体管输出, 容量 0.5 A	3
	5	AI 模块	LK411	8 通道模拟量输入模块, 电流型, 0~20 mA/4~20 mA	4
	6	AO 模块	LK512	8 通道模拟量输出模块, 电压 / 电流型	1
	7	电源模块	HPW2410G	输入 85~264 VAC, 输出 24 VDC 和 10 A	2
	8	端子盖板	LKC171	端子盖板	20
	9	空槽模块	LKC131	空槽模块	1

3. 硬件组态

根据硬件选型及网络配置的要求,在软件中进行相应的硬件组态。硬件组态流程如图 2.39 所示。

图 2.39　硬件组态流程

按照硬件配置表的模块型号和数量进行硬件组态,具体步骤如下。

(1)在 Auto Think 编程软件中新建工程,目标平台选择 "LK CPU",并添加 LK220 型号的 CPU,如图 2.40 所示。

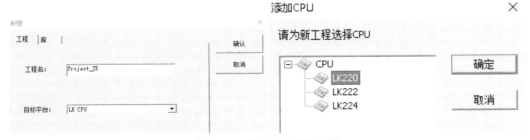

图 2.40　新建 LK 系列工程

（2）在硬件配置中，鼠标右键点击"LK220"，选择"添加设备"。在弹出的窗口中选择"LK249（DP 主站通信模块）并添加，默认设备地址为 2，如图 2.41 所示。

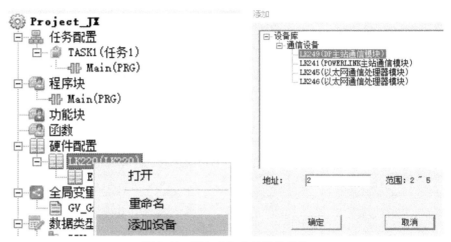

图 2.41　添加 DP 主站通信模块

（3）鼠标右键点击"LK249"，选择"添加协议"，添加 DP 主站协议，如图 2.42 所示。

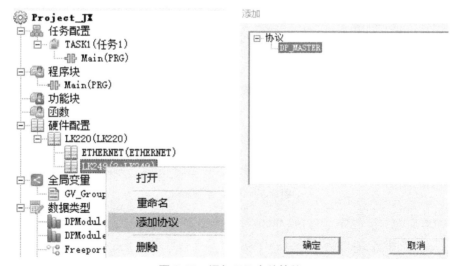

图 2.42　添加 DP 主站协议

（4）鼠标右键点击"DP_MASTER"，选择"添加设备"。在弹出的"设备库中选择"COM（通信模块）"，继续选择"LK232（Profibus-DP 总线重复器模块）"，添加个数 2 个，如图 2.43 所示。

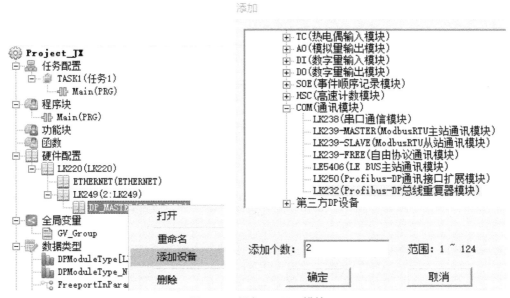

图 2.43　添加 LK232 模块

（5）添加 I/O 模块。鼠标右键点击"LK232"，选择"添加设备"，在弹出的设备库中选择"LK610（16 通道 24 VDC 漏型数字量输入模块）"，默认地址为 2，添加个数为 6，如图 2.44 所示。

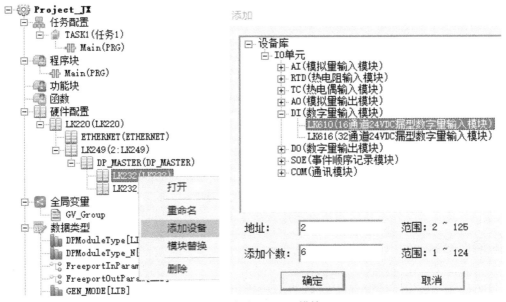

图 2.44　添加 LK610 模块

（6）按照同样的方法，根据硬件配置表的要求，依次添加 3 个 DO 模块 LK710，4 个 AI 模块 LK411 和 1 个 AO 模块 LK512，如图 2.45 所示。

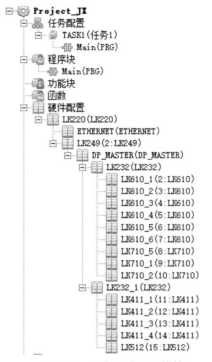

图 2.45　添加所有 I/O 模块

(7)生成对应的通道地址。鼠标左键双击具体的 I/O 模块,可查看模块参数和通道信息,如图 2.46 所示。

LK411_1(2:LK411)

设备配置 | 通道 | 信息 |

0_8 Channels AI

通道号	通道名称	通道类型	通道地址	通道说明
1	DPIO_2_1_2_1	WORD	%IW0	
2	DPIO_2_1_2_2	WORD	%IW2	
3	DPIO_2_1_2_3	WORD	%IW4	
4	DPIO_2_1_2_4	WORD	%IW6	
5	DPIO_2_1_2_5	WORD	%IW8	
6	DPIO_2_1_2_6	WORD	%IW10	
7	DPIO_2_1_2_7	WORD	%IW12	
8	DPIO_2_1_2_8	WORD	%IW14	

图 2.46　生成通道地址

【本章小结】

本章主要介绍了和利时 LK 系列 PLC 硬件组成及组态应用,并对 LK210 系列、LK220 单机系列以及 LK220 冗余系列 PLC 的硬件配置进行了系统介绍。最后,以具体的工程为实例,详细介绍了 LK 系列 PLC 硬件组态方法。

第 3 章　和利时 LK 系列 PLC 指令系统

在 PLC 中,使 CPU 完成某种操作或实现某种功能的命令及多个命令的组合称为指令,指令的集合称为指令系统。指令系统是 PLC 硬件和软件的桥梁,以及程序设计的基础。

和利时各系列 PLC 严格按照 IEC61131-3 标准,通过使用多种编程语言,按需调用各种不同的指令,目的在于简化编程方法,满足不同用户、不同场合的使用需求。行业不同,编程方法及思路也不同。电力、石化、水务等行业,通常会结合自身特点,把一些共性的工艺程序固定结构,通过调用现有指令开发自定义功能块,供其他工艺使用,从而简化程序内容,提高工作效率。

和利时 LK 系列 PLC 为用户提供了丰富的指令,这些指令均可通过 PLC 的编程软件 AutoThink 进行调用,操作简单,使用方便。

3.1　操作数及数据类型

PLC 指令由操作数和操作码组成。操作数表示 CPU 所要操作的对象和目的。常量、变量、地址和函数调用返回值都可以作为操作数。操作码表示 CPU 所要执行的操作类型和所要完成的操作功能。

3.1.1　常量

常量是操作数的一种,可以分为布尔常量、时钟常量、时间常量、日期常量、日期时间常量、数字常量、字符串常量和实数常量。

(1)布尔常量:逻辑值为 TRUE 或 FALSE(TRUE 为 1,FALSE 为 0)。

(2)时钟常量:一般用来操作时钟,由"T#"(或"t#")加上"时钟值"构成。例如:T#16 ms(16 毫秒)、t#12 h30 m10 s(12 小时 30 分 10 秒)。

(3)时间常量:用于存储时间,由"TOD#"("tod#"、"TIME_OF_DAY#"或"time_of_day#")加上"时间值"构成。例如:TIME_OF_DAY#15：36：30.123(15 点 36 分 30.123 秒)。

(4)日期常量:由"D#"("d#"、"DATE#"或"date#")加上"日期值"构成。例如:d#1985-09-12(1985 年 9 月 12 日)。

(5)日期时间常量:日期常量和时间常量的组合,由"DT#"("dt#"、"DATE_AND_TIME#"或"date_and_time#")加上"日期时间值"构成。例如:DT#2022-09-15-15：45：08(2022 年 9 月 15 日 15 点 45 分 08 秒)。

(6)数字常量:可以是二进制、八进制、十进制和十六进制的数值。数字常量的数据类型可以是 BYTE、WORD、DWORD、SINT、USINT、INT、UINT、DINT、UDINT。如果整数值不是十进制,可以用"进制"加符号"#"放在整数值前面来表示。例如:20(十进制 20)、8#67(八进制数 67)。

(7)字符串常量:在两个单引号之间,可以包含空格和特殊字符。例如:Abby and Craig(字符串 Abby and Craig)。

(8)实数常量:用十进制小数和指数来表示,数据类型是 REAL 型。例如:1.64e+009(实数 1 640 000 000)。

3.1.2　变量

在 PLC 中,变量是一个实时变化的量。在使用变量前,需要在变量列表中先声明变量类别及数据类型。变量声明须符合编程软件 AutoThink 的语法规定,变量的名称只能由字母、数字、下划线组成,名称长度不超过 32 字节。变量名的命名遵循以下原则。

(1)变量名必须以字母或者下划线开头,不能以数字开头;不能包含空格和特殊字符,不能多次声明,不能和关键字使用相同的名字。

(2)变量名不区分大小写(VAR1 和 var1 是同一个变量)。

(3)变量名识别下划线,下划线的位置不同被认为是两个不同的变量。

(4)变量名中不能有连续的 2 个下划线(ST__01S 是错误的变量名)。

访问变量时须注意变量的语法,注意事项有以下几点。

(1)访问二维数组的元素:<字段名>[Index1,Index2],例如 model[1,2]。

(2)访问结构变量:<结构名>.<变量名>。

(3)访问功能块和程序变量:<实例名>.<变量名>。

访问变量的数据位时,注意事项有以下几点。

(1)在整型变量中,可以访问变量的每个数据位。数据位附加在变量的后面,变量与数据位之间用英文字符"圆点"分隔,数据位从 0 开始编号。

例如:a.1 := b(将布尔变量 b 的值赋给整型变量 a 的第 1 位)。

(2)可以访问变量数据位的数据类型包括:SINT、INT、DINT、USINT、UINT、UDINT、BYTE、WORD 和 DWORD。

3.1.3　地址

在 PLC 中,变量会根据数据类型的不同被存储在不同的数据存储区,对应不同的地址。为一个变量指定一个直接地址(变量地址),是指把一个变量连接到确定的内存储器地址,即是对各存储区地址的映射。

LK 系列 PLC 的数据存储区共分为五个区,分别是输入区、输出区、中间区、随机区、掉电保持区,每个区对应的含义如下。

(1)输入区(I 区):读取模拟量输入、开关量输入信号。在每个扫描周期的首端,CPU 对输入点进行采样,并将采样值存储到内存储器的输入区。

(2)输出区(Q 区):将控制器下发的模拟量输出、开关量输出信号送出,用于控制具体的设备。在每个扫描周期的末端,CPU 将内存储器的输出区的数据传送到物理输出点上。

（3）中间区（M 区）:作为内部存储区,用于存储程序的中间结果、工作状态或其他控制信息,不关联实际通道地址,可进行通信。部分地址支持掉电保持。

（4）随机区（N 区）:用于存储用户所定义的未指定地址的变量。

（5）掉电保持区（R 区）:存储掉电保持变量,通过变量表使能掉电保护功能（掉电保护值为 TRUE）。

不同系列的 PLC,对应的掉电保持区间有所不同,详见表 3.1。

表 3.1　PLC 掉电保持区间表

产品系列	掉电保持区间	
LK220 系列	LK220	%MB0~%MB4095
	LK222	%MB0~%MB6143
	LK224	%MB0~%MB8191
	LK210 系列	%MB0~%MB3999
	LE 系列	%MB1000~%MB1999

不同存储区的变量对应的地址格式以及含义也有所不同,使用中须按照规定的地址格式显示内存中的地址。

地址格式为:% 内存区范围 数据格式 地址。其中,数据格式中的 X 代表单个位, B 代表字节（8 位）,W 代表字（16 位）,D 代表双字（32 位）。例如:

（1）地址格式为"%QX7.5"的变量代表输出区的地址 7,第 5 位;

（2）地址格式为"%IW4"的变量代表输入区的地址 4,1 个字;

（3）地址格式为"%QB7"的变量代表输出区的地址 7,1 个字节;

（4）地址格式为"%MD48"的变量代表中间存储区的地址 48,双字。

3.1.4　数据类型

数据类型规定了数据占用内存空间的大小及存储于其中的数据种类,用标识符来表示。数据类型可以分为标准数据类型和用户自定义数据类型。其中,标准数据类型包括布尔型数据、整型数据、实型数据、字符串型数据和时间型数据。用户自定义数据类型包括数组、指针、枚举和结构。

3.1.4.1　标准数据类型

（1）布尔型变量的标识符为 BOOL,其值为"TRUE"或"FALSE"。

（2）整型数据类型的标识符包括 BYTE、WORD、DWORD、SINT、USINT、INT、UINT、DINT 和 UDINT 等。整型数据类型的取值范围和存储空间见表 3.2。

表 3.2　整型数据类型的取值范围和存储空间

类型标识符	类型名称	数据下限	数据上限	存储空间
BYTE	字节型	0	255	8 Bit
WORD	字型	0	65 535	16 Bit
DWORD	双字型	0	4 294 967 295	32 Bit
SINT	单整型	−128	127	8 Bit
USINT	无符号单整型	0	255	8 Bit
INT	整型	−32 768	32 767	16 Bit
UINT	无符号整型	0	65 535	16 Bit
DINT	双整型	−2 147 483 648	2 147 483 647	32 Bit
UDINT	无符号双整型	0	4 294 967 295	32 Bit

（3）实型数据类型也称为浮点型，用于表示有理数。实型数据类型的标识符为 REAL。REAL 型数据占用 32 位内存空间，即 4 个字节。

（4）字符串型数据可以包含任意多个字符，标识符为 STRING，变量的头尾必须加单引号。

（5）时间型数据类型用于处理时间数据，标识符包括 TIME（缩写为 T）、TIME_OF_DAY（缩写为 TOD）、DATE（缩写为 D）和 DATE_AND_TIME（缩写为 DT）。

3.1.4.2　自定义数据类型

1. 数组

数组中一维、二维和三维数组属于基本的数据类型，标识符为 ARRAY。声明数组的格式为：

< 数组名 >：ARRAY [<L1>..<U1>, <L2>..<U2>, <L3>..<U3>] OF < 基本数据类型 >；其中 L1、L2 和 L3 表示字段范围的最小值，U1、U2 和 U3 表示字段范围的最大值，字段范围必须是整数。例如：

Card_game：ARRAY [1..13, 1..4] OF INT（定义一个整型的二维数组 Card_game）；

2. 指针

当程序运行时，通过指针可以取得变量或功能块实例的地址。指针可以指向任何数据类型或功能块类型，包括用户自定义的数据类型。指针的格式为：

< 指针名 >：POINTER TO < 数据类型 / 功能块类型 >。例如：

pt：POINTER TO INT（定义一个整型数据的指针 pt）；

3. 枚举

枚举是由一长串的数字常量组成的自定义数字类型，这些常量称为枚举值。只要枚举值声明在 POU 内，在整个程序范围内都可以被识别。枚举以关键字 TYPE 开始，以关键字 END_TYPE 结束。声明枚举的格式为：

TYPE< 标识符 >：(<Enum_0>，<Enum_1>，…，<Enum_n>)；

END_TYPE

例如:图 3.1 中的程序为用枚举类型实现的交通信号灯的指示。

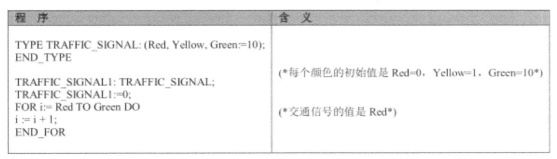

程　序	含　义

TYPE TRAFFIC_SIGNAL: (Red, Yellow, Green:=10);
END_TYPE
 	
TRAFFIC_SIGNAL1: TRAFFIC_SIGNAL;
TRAFFIC_SIGNAL1:=0;
FOR i:= Red TO Green DO
i := i + 1;
END_FOR
	(*每个颜色的初始值是 Red=0，Yellow=1，Green=10*)
	
	(*交通信号的值是 Red*)

图 3.1　交通信号灯的指示

3.2　基本指令及场景应用

和利时 PLC 的控制算法组态软件 AutoThink 提供了丰富的指令,算法库根据指令代码功能的不同共分为六大类,分别是标准库、基础应用库、系统库、行业应用库、现场总线库、产品扩展库。其中,各平台均包含标准库、基础应用库、系统库,各行业会根据选择的目标平台不同对相应库文件进行加载。

PLC 指令在编程软件中有函数和功能块两种实现方式。两者都是 AutoThink 中的程序组织单元,区别在于功能块的输出可以是一个或者多个结果,每一个功能块都有实例名称,因此,以功能块方式实现的指令,在使用的时候都须声明实例名称。函数只有一个输出结果,调用函数时不需要实例名称。

为便于更好地理解和学习,下文将结合工程应用中具体的实例,以场景应用的方式分别使用 LD 语言、ST 语言和 CFC 语言对算法库中的基本指令进行介绍。

3.2.1　数学运算指令

数学运算指令主要指通用的算术指令,包括加、减、乘、除、取余数、字节长度、绝对值、平方根、指数、正弦、余弦、赋值等基本指令。它们均是以函数方式实现的指令,使用时直接调用,无须声明。

3.2.1.1　ADD——加法指令

两个(或者多个)变量或常量相加后将结果输出,如图 3.2 所示。输入或输出的数据类型可以是 BYTE、WORD、DWORD、SINT、USINT、INT、UINT、DINT、UDINT、REAL、TIME 类型。

图 3.2　ADD 指令

场景应用:在净水处理工艺中,当流量控制使能信号来时,基础加药量与加药调整值叠加后作为最终加药量进行输出,如图 3.3 所示。

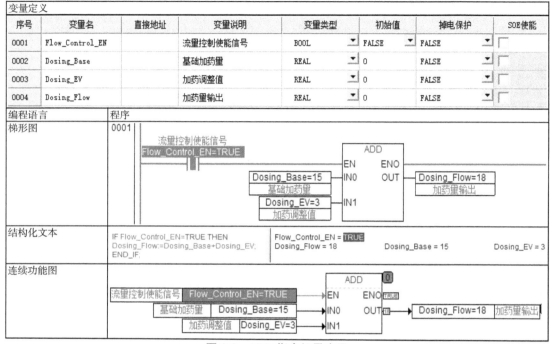

图 3.3   ADD 指令场景应用

3.2.1.2   SUB——减法指令

两个变量或常量相减后将结果输出,如图 3.4 所示。输入或输出的数据类型可以是BYTE、WORD、DWORD、SINT、USINT、INT、UINT、DINT、UDINT、REAL、TIME、LINT、ULINT、LWORD 类型。

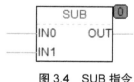

图 3.4   SUB 指令

场景应用:在罐区出口流量自动调节系统中,对罐区调节阀出口流量的目标设定值 SP和过程测量值 PV 进行偏差运算。通过得到的流量偏差进行 PID 调节,最终实现罐区调节阀的自动控制,如图 3.5 所示。

3.2.1.3   MUL——乘法指令

两个(或者多个)变量或常量相乘后将结果输出,如图 3.6 所示。输入或输出的数据类型可以是 BYTE、WORD、DWORD、SINT、USINT、INT、UINT、DINT、UDINT、REAL 类型。

场景应用:在制水工艺中,冲洗水阀的冲洗时间以 s 为单位,由上层操作画面根据工艺进行给定,将该时间转换成以 ms 为单位,用于后期制水步序中进行冲洗计时,如图 3.7 所示。

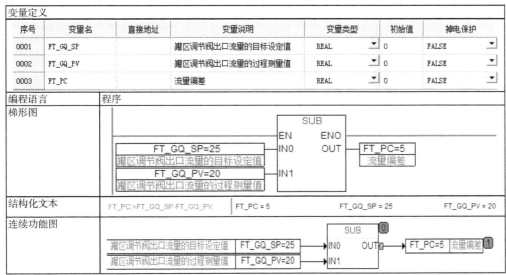

变量定义						
序号	变量名	直接地址	变量说明	变量类型	初始值	掉电保护
0001	FT_GQ_SP		罐区调节阀出口流量的目标设定值	REAL	0	FALSE
0002	FT_GQ_PV		罐区调节阀出口流量的过程测量值	REAL	0	FALSE
0003	FT_PC		流量偏差	REAL	0	FALSE

编程语言	程序
梯形图	(见图)
结构化文本	FT_PC:=FT_GQ_SP-FT_GQ_PV; FT_PC = 5 FT_GQ_SP = 25 FT_GQ_PV = 20
连续功能图	(见图)

图 3.5 SUB 指令场景应用

图 3.6 MUL 指令

变量定义						
序号	变量名	直接地址	变量说明	变量类型	初始值	掉电保护
0001	PT_GZ_YSYZ_AI_TIME		冲洗水阀冲洗时间	REAL	0	FALSE
0002	TIME_OUT		转换后冲洗时间	REAL	0	FALSE

编程语言	程序
梯形图	(见图)
结构化文本	TIME_OUT:=PT_GZ_YSYZ_AI_TIME*1000; TIME_OUT = 30000 PT_GZ_YSYZ_AI_TIME = 30
连续功能图	(见图)

图 3.7 MUL 指令场景应用

3.2.1.4 DIV——除法指令

变量或常量相除后将计算结果输出,如图 3.8 所示。当除数为 0 时,结果等于被除数。输入或输出的数据类型可以是 BYTE、WORD、DWORD、SINT、USINT、INT、UINT、DINT、UDINT、REAL 类型。

图 3.8 DIV 指令

场景应用:在污水处理系统中,排泥阀用于配合排污泵实现定期排泥排污。当排泥阀处于全开状态时系统开始计时(以 s 为单位),需将计算出的排泥阀打开时间转换成以 h 为单位,用于显示在工艺流程图上,如图 3.9 所示。

变量定义						
序号	变量名	直接地址	变量说明	变量类型	初始值	掉电保护
0001	TIME_PNVALVE_YX		排泥阀的打开时间	REAL	0	FALSE
0002	TIME_OUT_PNVALVE		转换后的排泥阀时间	REAL	0	FALSE

编程语言	程序
梯形图	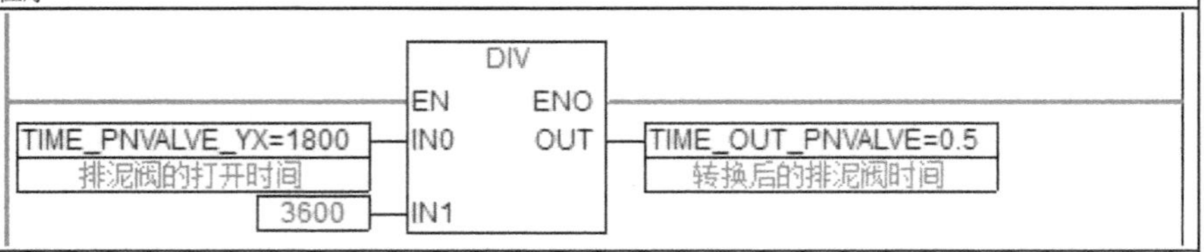 **DIV** EN　　ENO TIME_PNVALVE_YX=1800 — IN0　OUT — TIME_OUT_PNVALVE=0.5 排泥阀的打开时间　　　　　　　转换后的排泥阀时间 3600 — IN1
结构化文本	TIME_OUT_PNVALVE:=TIME_PNVALVE_YX/3600; TIME_OUT_PNVALVE = 0.5　　　TIME_PNVALVE_YX = 1800
连续功能图	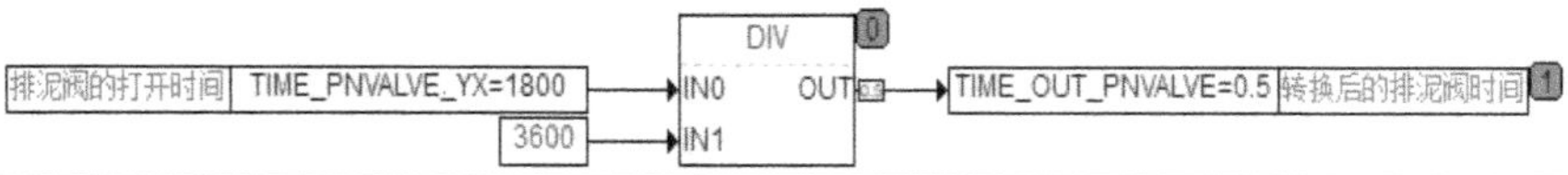 排泥阀的打开时间　TIME_PNVALVE_YX=1800 → IN0　**DIV**　OUT → TIME_OUT_PNVALVE=0.5 转换后的排泥阀时间 3600 → IN1

图 3.9 DIV 指令场景应用

3.2.1.5 MOD——取余数指令

变量或常量相除后取余数并输出,如图 3.10 所示。结果为两数相除后的余数,是一个整数。输入或输出的数据类型可以是 BYTE、WORD、DWORD、SINT、USINT、INT、UINT、DINT、UDINT 类型。

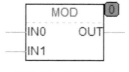

图 3.10 MOD 指令

场景应用:在除雾器冲洗水系统中,冲洗水阀用于对脱硫吸收塔顶部的除雾器定期进行冲洗,防止堵塞。当总冲洗水入口阀处于全开状态时,系统开始进行冲洗计时,并将该冲洗时间(以 s 为单位)转换成 ×× 分钟 ×× 秒,用于显示在工艺流程图上,如图 3.11 所示。

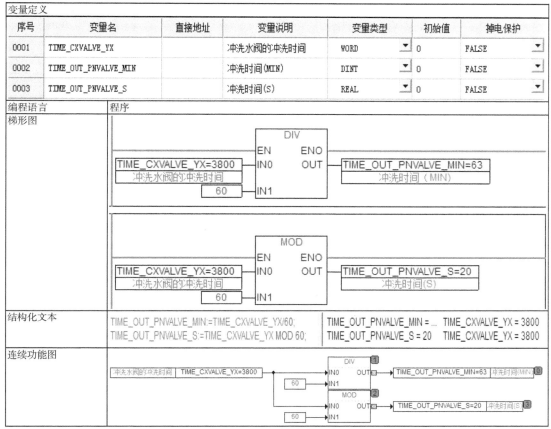

变量定义						
序号	变量名	直接地址	变量说明	变量类型	初始值	掉电保护
0001	TIME_CXVALVE_YX		冲洗水阀的冲洗时间	WORD	0	FALSE
0002	TIME_OUT_PNVALVE_MIN		冲洗时间(MIN)	DINT	0	FALSE
0003	TIME_OUT_PNVALVE_S		冲洗时间(S)	REAL	0	FALSE

编程语言	程序	
梯形图	(见上图 DIV / MOD 功能块)	
结构化文本	TIME_OUT_PNVALVE_MIN:=TIME_CXVALVE_YX/60; TIME_OUT_PNVALVE_S:=TIME_CXVALVE_YX MOD 60;	TIME_OUT_PNVALVE_MIN = ...　TIME_CXVALVE_YX = 3800 TIME_OUT_PNVALVE_S = 20　TIME_CXVALVE_YX = 3800
连续功能图	(见上图)	

图 3.11　MOD 指令场景应用

3.2.1.6　SIZEOF——字节长度

对数据类型的字节数进行计算并输出,如图 3.12 所示。

图 3.12　SIZEOF 指令

场景应用:对整型一维数组 ARRAY1 的字节长度进行计算,并将结果输出给变量 OUT1,如图 3.13 所示。

3.2.1.7　ABS——绝对值

对输入数据取绝对值并将结果输出,如图 3.14 所示。输入的数据类型可以是 INT、REAL、LREAL、BYTE、WORD、DWORD、SINT、USINT、UINT、DINT、UDINT、LINT、ULINT、LWORD 类型。

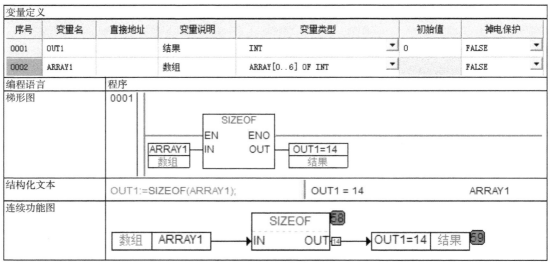

图 3.13　SIZEOF 指令场景应用

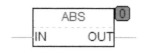

图 3.14　ABS 指令

场景应用:在锅炉系统中,当主给水温度的目标设定值和过程测量值偏差过大时,主给水 PID 调节需要切为手动调节模式。在该应用中,对主蒸汽温度的目标设定值 SP 和过程测量值 PV 进行偏差运算,并对该偏差结果取绝对值后和上位机给定的最大偏差值进行比较,如图 3.15 所示。

3.2.1.8　SQRT——平方根

对输入数据求平方根,并将结果输出,如图 3.16 所示。输入数据为非负数。输入数据类型可以是 BYTE、WORD、DWORD、INT、DINT、REAL、LREAL、SINT、USINT、UINT、UDINT、LINT、ULINT、LWORD 类型,输出数据类型必须是 REAL、LREAL 类型。为了保证输出数据的精度,必要时可以配合数据类型转换指令将 LREAL 类型转换成 REAL 类型输出。

场景应用:在给水流量的测量系统中,差压开平方根后和流量成正比,因此通过差压变送器测量传感器进出口压差,间接地测量流量。在该应用中,对输入的差压 IN1 开平方根后将结果输出给变量 OUT1,用于计算流量,如图 3.17 所示。

变量定义							
序号	变量名	直接地址	变量说明	变量类型	初始值	掉电保护	SOE使能
0001	ZGS_PID_SP		主蒸汽温度目标设定值	REAL	0	FALSE	
0002	ZGS_PID_PV		主蒸汽温度过程测量值	REAL	0	FALSE	
0003	PC		偏差	REAL	0	FALSE	
0004	ZGS_PID_PC		偏差最大值	REAL	0	FALSE	
0005	PID_AM		SP和PV偏差大时PID切手动调节	BOOL	FALSE	FALSE	
0006	OUT		偏差绝对值	REAL	0	FALSE	

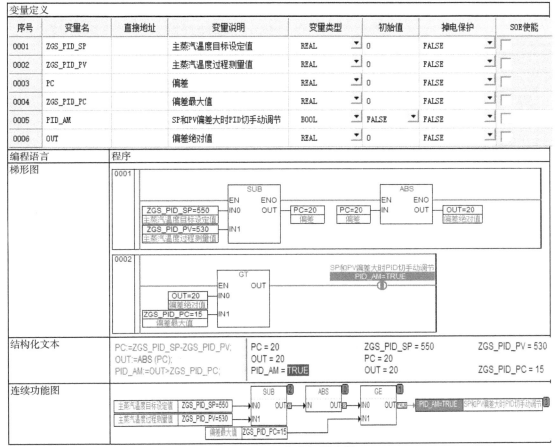

图 3.15　ABS 指令场景应用

图 3.16　SQRT 指令

变量定义						
序号	变量名	直接地址	变量说明	变量类型	初始值	掉电保护
0001	IN1		输入1	REAL	0	FALSE
0002	OUT1		结果	REAL	0	FALSE

编程语言	程序
梯形图	0001

SQRT

EN　ENO

IN1=26 — IN　OUT — OUT1=5.099019527

输入1　　　　　　　　　　结果

变量定义			
结构化文本	OUT1:=SQRT(IN1);	OUT1 = 5.099019527	IN1 = 26
连续功能图	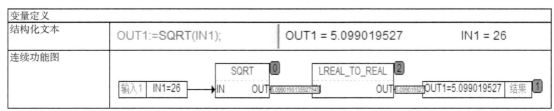		

图 3.17　SQRT 指令场景应用

3.2.1.9　MOVE——赋值指令

将一个常量或者变量的值赋给另外一个变量,如图 3.18 所示。输入、输出的数据类型可以是 BYTE、WORD、DWORD、SINT、USINT、INT、UINT、DINT、UDINT、REAL、TIME、DT 类型。

图 3.18　MOVE 指令

场景应用:在水箱水位自动调节系统中,当水位的目标设定值 SP 和过程测量值 PV 的偏差值大于最大偏差值时, PID 调节切为手动调节模式。在该应用中 ,当水箱水位的 SP 值和 PV 值偏差过大时,赋值处于使能状态,输入为 TRUE,用于将 PID 调节切为手动调节模式,如图 3.19 所示。

变量定义							
序号	变量名	直接地址	变量说明	变量类型	初始值	掉电保护	SOE使能
0001	PID_AM		SP和PV偏差大时PID切手动调节	BOOL	FALSE	FALSE	□
0002	IN1		水箱水位SP和PV偏差过大	BOOL	FALSE	FALSE	□
编程语言	程序						
梯形图	0001　水箱水位SP和PV偏差过大 IN1=TRUE MOVE　EN　ENO TRUE—IN　OUT—PID_AM=TRUE SP和PV偏差大时PID切手动调节						
结构化文本	IF IN1=TRUE THEN PID_AM:=TRUE; END_IF;　　IN1 = TRUE PID_AM = TRUE						
连续功能图	水箱水位SP和PV偏差过大　IN1=TRUE　MOVE EN　ENO TRUE TRUE—IN　OUT TRUE—PID_AM=TRUE　SP和PV偏差大时PID切手动调节						

图 3.19　MOVE 指令场景应用

3.2.2　逻辑运算指令

逻辑运算指令主要针对 BOOL、BYTE、WORD 和 DWORD 型的变量,对其进行逻辑与、或、非以及异或运算。对非 BOOL 型的变量,实际的运算过程是将其转换成 8 位、16 位,或者 32 位二进制数,然后逐位进行逻辑运算。逻辑运算指令均是以函数方式实现的指令,使用时直接调用,无须声明。

3.2.2.1　AND——与指令

对输入的常量或变量对应的二进制位进行与运算,并将结果输出,如图 3.20 所示。输入、输出的数据类型有 BOOL、BYTE、WORD、DWORD、LWORD。

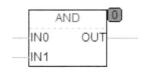

图 3.20　AND 指令

场景应用:在润滑油系统中,两台润滑油泵互为备用,确保不间断提供润滑油。当润滑油泵的运行信号消失,并且联锁功能投入时,输出 TRUE 信号,用于联锁启动备用润滑油泵,如图 3.21 所示。

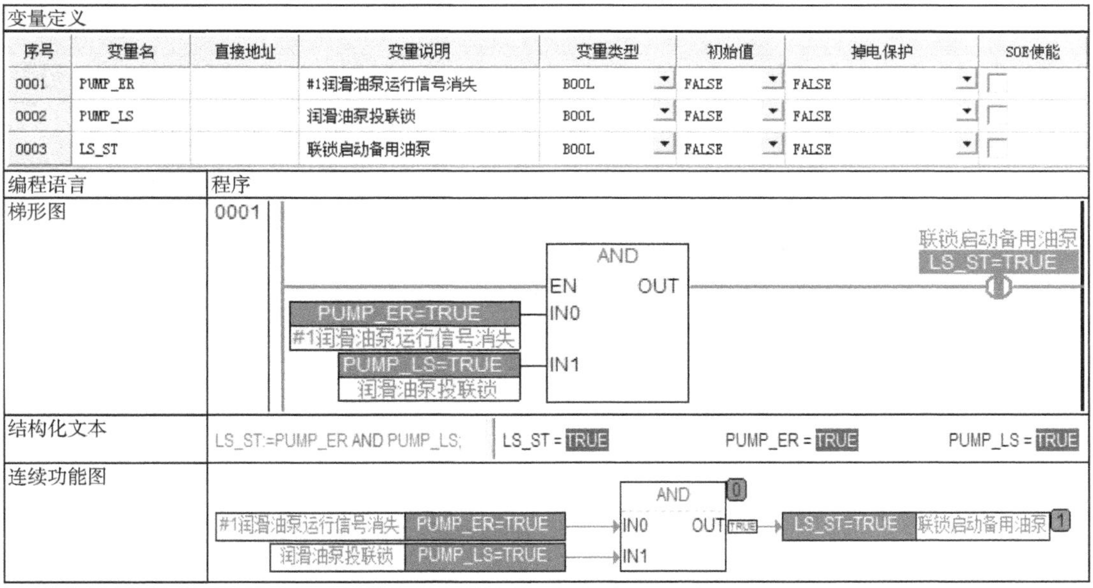

变量定义							
序号	变量名	直接地址	变量说明	变量类型	初始值	掉电保护	SOE使能
0001	PUMP_ER		#1润滑油泵运行信号消失	BOOL	FALSE	FALSE	
0002	PUMP_LS		润滑油泵投联锁	BOOL	FALSE	FALSE	
0003	LS_ST		联锁启动备用油泵	BOOL	FALSE	FALSE	

编程语言	程序
梯形图	0001 AND EN　　OUT — 联锁启动备用油泵 LS_ST=TRUE PUMP_ER=TRUE — IN0 #1润滑油泵运行信号消失 PUMP_LS=TRUE — IN1 润滑油泵投联锁
结构化文本	LS_ST:=PUMP_ER AND PUMP_LS;　LS_ST = TRUE　　PUMP_ER = TRUE　　PUMP_LS = TRUE
连续功能图	#1润滑油泵运行信号消失 PUMP_ER=TRUE → IN0　AND　OUT TRUE → LS_ST=TRUE 联锁启动备用油泵 润滑油泵投联锁 PUMP_LS=TRUE → IN1

图 3.21　AND 指令场景应用

3.2.2.2　OR——或指令

对两个或多个变量或常量对应的二进制位进行或运算,并将结果输出,如图 3.22 所示。输入、输出的数据类型有 BOOL、BYTE、WORD、DWORD、LWORD。

OR
IN0
OUT
IN1
0

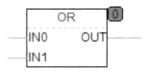

图 3.22　OR 指令

场景应用：甲醇灌装电磁阀可以手动控制，也可以自动控制。当甲醇灌装变频器手动启动信号为 TRUE，或者自动控制信号为 TRUE 时，打开甲醇灌装电磁阀，如图 3.23 所示。

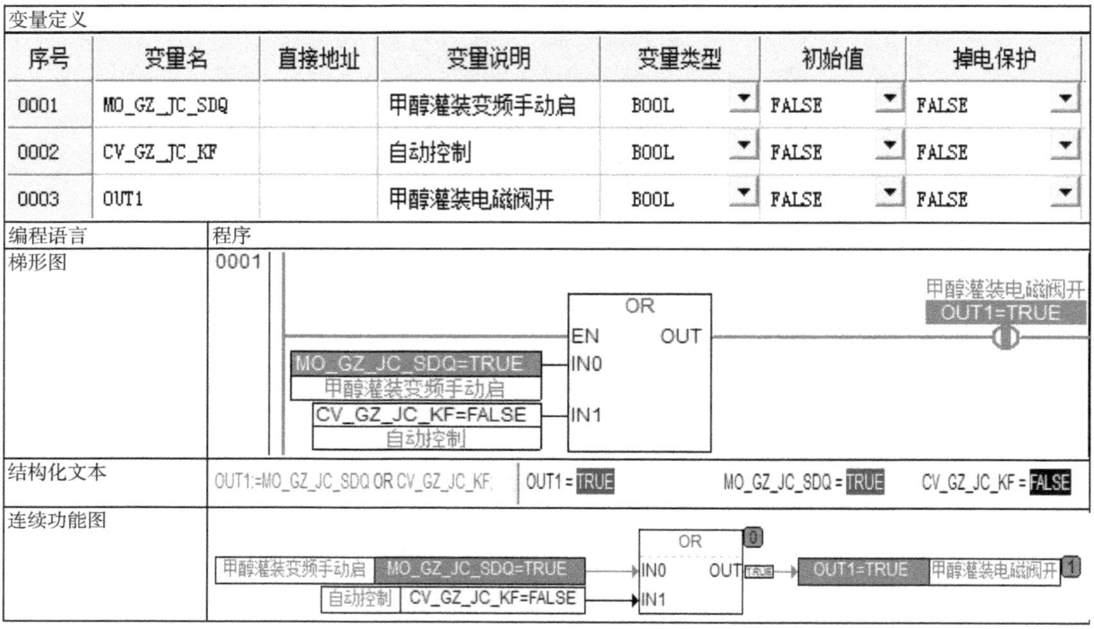

变量定义
序号 | 变量名 | 直接地址 | 变量说明 | 变量类型 | 初始值 | 掉电保护
0001 | MO_GZ_JC_SDQ | | 甲醇灌装变频手动启 | BOOL | FALSE | FALSE
0002 | CV_GZ_JC_KF | | 自动控制 | BOOL | FALSE | FALSE
0003 | OUT1 | | 甲醇灌装电磁阀开 | BOOL | FALSE | FALSE
编程语言
程序
梯形图
0001
OR
EN
OUT
IN0
IN1
MO_GZ_JC_SDQ=TRUE
甲醇灌装变频手动启
CV_GZ_JC_KF=FALSE
自动控制
甲醇灌装电磁阀开
OUT1=TRUE
结构化文本
OUT1:=MO_GZ_JC_SDQ OR CV_GZ_JC_KF;
OUT1 = TRUE
MO_GZ_JC_SDQ = TRUE
CV_GZ_JC_KF = FALSE
连续功能图
甲醇灌装变频手动启
MO_GZ_JC_SDQ=TRUE
自动控制
CV_GZ_JC_KF=FALSE
OR
IN0
OUT
IN1
OUT1=TRUE
甲醇灌装电磁阀开

图 3.23　OR 指令场景应用

3.2.2.3　XOR——异或指令

对两个变量或常量对应二进制位进行异或运算，如图 3.24 所示。输入、输出的数据类型可以是 BOOL、BYTE、WORD 、DWORD 和 LWORD。异或运算见表 3.3。

XOR
IN0
OUT
IN1
0

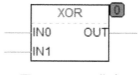

图 3.24　XOR 指令

表 3.3　异或运算

A 位	B 位	结果
0	0	0

（续）

A 位	B 位	结果
0	1	1
1	0	1
1	1	0

　　场景应用：甲醇灌装电磁阀为单电控方式，电磁阀带电时为开，失电时为关。当电磁阀的控制指令和反馈状态不一致时，输出 TRUE 信号，用于故障报警，如图 3.25 所示。

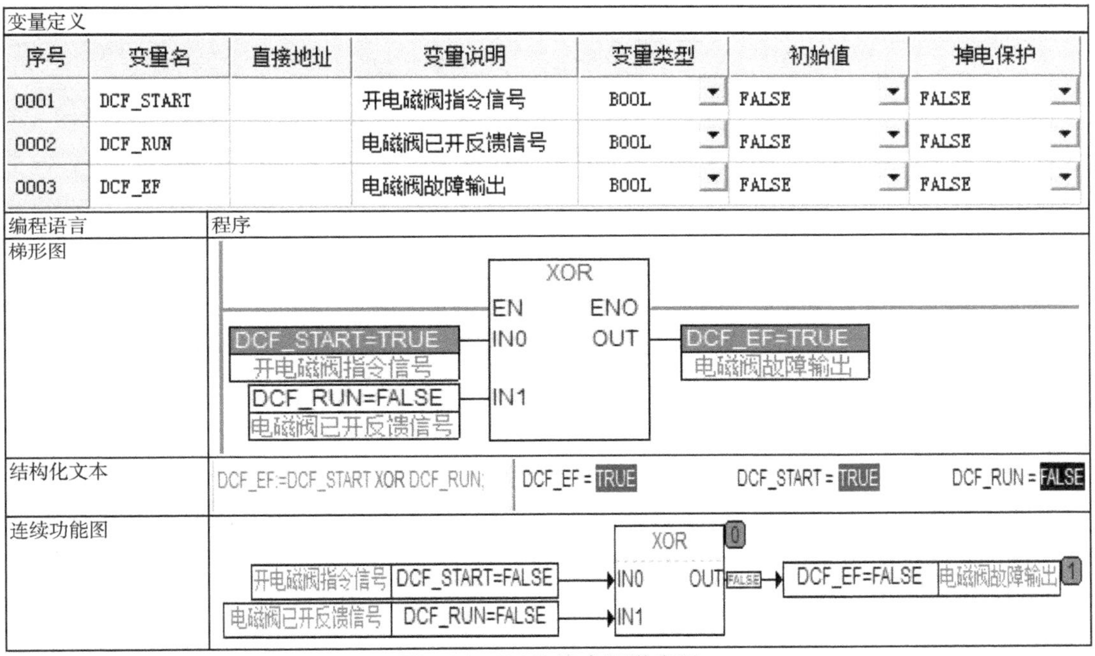

变量定义						
序号	变量名	直接地址	变量说明	变量类型	初始值	掉电保护
0001	DCF_START		开电磁阀指令信号	BOOL ▾	FALSE ▾	FALSE ▾
0002	DCF_RUN		电磁阀已开反馈信号	BOOL ▾	FALSE ▾	FALSE ▾
0003	DCF_EF		电磁阀故障输出	BOOL ▾	FALSE ▾	FALSE ▾

编程语言	程序
梯形图	XOR EN　ENO DCF_START=TRUE　IN0　OUT　DCF_EF=TRUE 开电磁阀指令信号　　　　　　　电磁阀故障输出 DCF_RUN=FALSE　IN1 电磁阀已开反馈信号
结构化文本	DCF_EF:=DCF_START XOR DCF_RUN;　DCF_EF = TRUE　　DCF_START = TRUE　　DCF_RUN = FALSE
连续功能图	XOR ⓪ 开电磁阀指令信号 DCF_START=FALSE → IN0　OUT FALSE → DCF_EF=FALSE 电磁阀故障输出 ① 电磁阀已开反馈信号 DCF_RUN=FALSE → IN1

图 3.25　XOR 指令场景应用

3.2.2.4　NOT——取非指令

　　对输入的变量或常量按位取非运算，并输出，如图 3.26 所示。输入、输出的数据类型有 BOOL、BYTE、WORD、DWORD、LWORD。

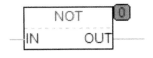

图 3.26　NOT 指令

　　场景应用：低位水泵有两种控制方式，可通过低压动力控制柜就地控制，也可以通过上位操作画面远程控制。就地转换开关可实现控制方式的切换。当控制方式不在就地状态时，即为远方控制状态，可实现远程控制，如图 3.27 所示。

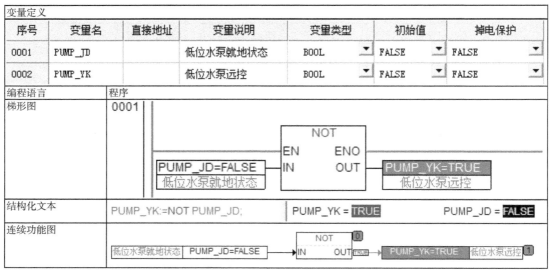

图 3.27　NOT 指令场景应用

3.2.3　比较运算指令

比较运算是对输入的两个操作数比大小,所有的比较指令在执行时均可以带有变量。根据实现的功能不同,比较运算指令可以分为大于、大于等于、小于、小于等于、等于和不等于几种。比较运算指令均是以函数方式实现的指令,使用时直接调用,无须声明。

3.2.3.1　GT——大于指令

判断两个操作数的大小,当第一个数大于第二个数时输出 TRUE,否则输出 FALSE,如图 3.28 所示。输入的数据类型可以是 BOOL、BYTE、WORD、DWORD、SINT、USINT、INT、UINT、DINT、UDINT、REAL、TIME、DATE、TOD、DT、LREAL、STRING、LINT、ULINT、LWORD 类型,输出的数据类型为 BOOL 型。

图 3.28　GT 指令

场景应用:在罐区到车间乙醇变频控制系统中,当罐区到车间乙醇流量大于 10 T/h 时,输出 TRUE 信号,用于联停乙醇变频器,如图 3.29 所示。

变量定义						
序号	变量名	直接地址	变量说明　△	变量类型	初始值	掉电保护
0001	FT_FTW_YC_AI		罐区到车间乙醇流量	REAL	0	FALSE
0002	OUT1		结果	BOOL	FALSE	FALSE
编程语言		程序				

图 3.29　GT 指令场景应用

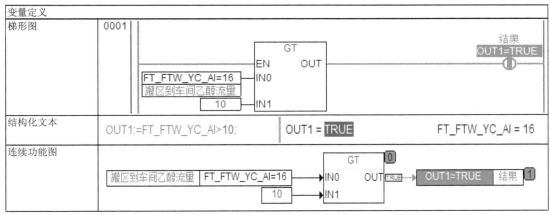

图 3.29 GT 指令场景应用(续)

3.2.3.2 LT——小于指令

判断两个操作数的大小,当第一个数小于第二个数时返回 TRUE,否则结果为 FALSE,如图 3.30 所示。输入的数据类型可以是 BOOL、BYTE、WORD、DWORD、SINT、USINT、INT、UINT、DINT、UDINT、REAL、TIME、DATE、TOD、DT、LREAL、STRING、LINT、ULINT、LWORD 类型,输出的数据类型为 BOOL 型。

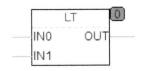

图 3.30 LT 指令

场景应用:在罐区到车间乙醇变频控制系统中,当罐区到车间乙醇流量小于 5 T/h 时,输出 TRUE 信号,用于联启乙醇变频器,如图 3.31 所示。

变量定义						
序号	变量名	直接地址	变量说明 △	变量类型	初始值	掉电保护
0001	FT_FTW_YC_AI		罐区到车间乙醇流量	REAL	0	FALSE
0002	OUT1		结果	BOOL	FALSE	FALSE

编程语言	程序
梯形图	0001

LT
EN OUT
FT_FTW_YC_AI=3.5 — IN0
罐区到车间乙醇流量
5 — IN1

结果
OUT1=TRUE

结构化文本	OUT1:=FT_FTW_YC_AI<5;	OUT1 = TRUE	FT_FTW_YC_AI = 3.5

连续功能图

罐区到车间乙醇流量 FT_FTW_YC_AI=3.5 → IN0
LT
OUT TRUE → OUT1=TRUE 结果
5 → IN1

图 3.31 LT 指令场景应用

3.2.3.3　GE——大于等于指令

判断两个操作数的大小,当第一个数大于等于第二个数时返回 TRUE,否则结果为 FALSE,如图 3.32 所示。输入的数据类型可以是 BOOL、BYTE、WORD、DWORD、SINT、USINT、INT、UINT、DINT、UDINT、REAL、TIME、DATE、TOD、DT、LREAL、STRING、LINT、ULINT、LWORD 类型,输出的数据类型为 BOOL 型。

图 3.32　GE 等于指令

场景应用:在罐区到车间乙酸乙酯变频控制系统中,当罐区到车间乙酸乙酯流量大于等于 20 T/h 时,输出 TRUE 信号,用于联停乙酸乙酯变频器,如图 3.33 所示。

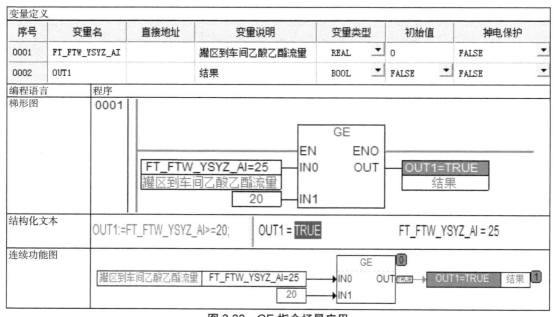

图 3.33　GE 指令场景应用

3.2.3.4　LE——小于等于指令

判断两个操作数的大小,当第一个数小于等于第二个数时返回 TRUE,否则结果为 FALSE,如图 3.34 所示。输入的数据类型可以是 BOOL、BYTE、WORD、DWORD、SINT、USINT、INT、UINT、DINT、UDINT、REAL、TIME、DATE、TOD、DT、LREAL、STRING、LINT、ULINT、LWORD 类型,输出的数据类型为 BOOL 型。

LE
0
IN0
OUT
IN1

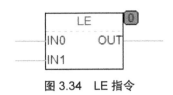

图 3.34　LE 指令

场景应用：在罐区到车间乙酸乙酯变频控制系统中，当罐区到车间乙酸乙酯流量小于等于 5 T/h 时，输出 TRUE 信号，用于联启乙酸乙酯变频器，如图 3.35 所示。

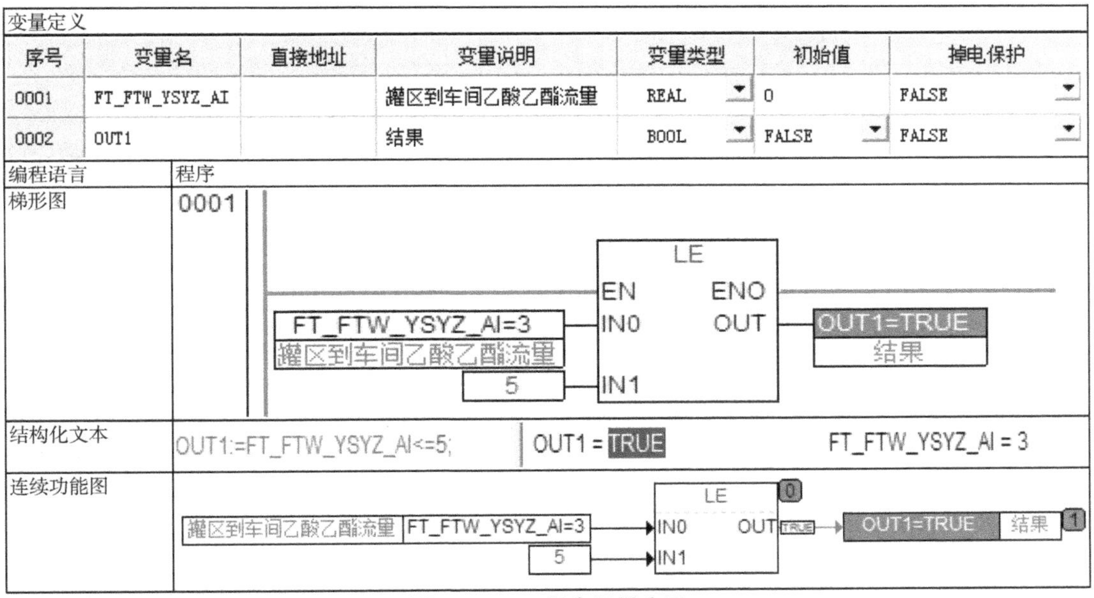
变量定义
序号
变量名
直接地址
变量说明
变量类型
初始值
掉电保护
0001
FT_FTW_YSYZ_AI
罐区到车间乙酸乙酯流量
REAL
0
FALSE
0002
OUT1
结果
BOOL
FALSE
FALSE
编程语言
程序
梯形图
0001
LE
EN
ENO
FT_FTW_YSYZ_AI=3
罐区到车间乙酸乙酯流量
IN0
OUT
OUT1=TRUE
结果
5
IN1
结构化文本
OUT1:=FT_FTW_YSYZ_AI<=5;
OUT1 = TRUE
FT_FTW_YSYZ_AI = 3
连续功能图
LE
0
罐区到车间乙酸乙酯流量
FT_FTW_YSYZ_AI=3
IN0
OUT
OUT1=TRUE
结果
1
5
IN1

图 3.35　LE 指令场景应用

3.2.3.5　EQ——等于指令

判断两个操作数是否相等，当第一个数等于第二个数时返回 TRUE，否则结果为 FALSE，如图 3.36 所示。输入的数据类型可以是 BOOL、BYTE、WORD、DWORD、SINT、USINT、INT、UINT、DINT、UDINT、REAL、TIME、DATE、TOD、DT、LREAL、STRING、LINT、ULINT、LWORD 类型，输出的数据类型为 BOOL 型。

EQ
0
IN0
OUT
IN1

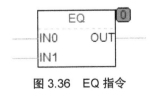

图 3.36　EQ 指令

场景应用：在净水系统中，当运行步序为 1 时，输出 TRUE 信号，用于打开 #1 排泥电磁阀，如图 3.37 所示。

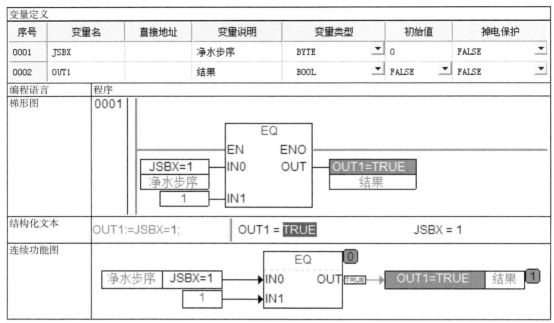

图 3.37　EQ 指令场景应用

3.2.3.6　NE——不等于指令

判断两个操作数是否不相等,当第一个数不等于第二个数时返回 TRUE,否则结果为 FALSE,如图 3.38 所示。输入的数据类型可以是 BOOL、BYTE、WORD、DWORD、SINT、USINT、INT、UINT、DINT、UDINT、REAL、TIME、DATE、TOD、DT、LREAL、STRING、LINT、ULINT、LWORD 类型,输出的数据类型为 BOOL 型。

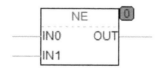

图 3.38　NE 指令

场景应用:在氯仿灌装调节系统中,可进行工频调节,也可进行变频调节。当控制方式为工频状态时,对应的变频运行信号为 FALSE,系统判断为氯仿灌装调节系统不在变频状态,如图 3.39 所示。

变量定义						
序号	变量名	直接地址	变量说明	变量类型	初始值	掉电保护
0001	MO_GZ_LF_YX		氯仿灌装变频信号	BOOL	FALSE	FALSE
0002	OUT1		不在变频状态	BOOL	FALSE	FALSE
编程语言		程序				

图 3.39　NE 指令场景应用

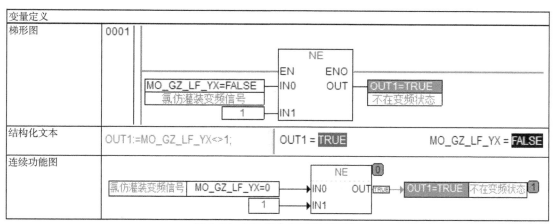

图 3.39　NE 指令场景应用(续)

3.2.4　选择运算指令

选择运算指令是对两个或多个操作数按条件进行相应选择输出,根据实现的功能不同,分为二选一、取最大值、取最小值、多选一和限幅。选择运算指令均是以函数方式实现的指令,使用时直接调用,无须声明。

3.2.4.1　SEL——二选一指令

通过选择开关在两个输入数据中选择一个作为输出,当选择开关为 FALSE 时,输出为第一个输入数据,当选择开关为 TRUE 时,输出为第二个输入数据,如图 3.40 所示。

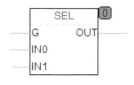

图 3.40　SEL 指令

在以上指令中, G 为选择开关,数据类型必须是 BOOL 型, IN0 和 IN1 分别为第一个输入数据和第二个输入数据。IN0、IN1 和输出数据可以是任意数据类型(不包括 STRING、数组、指针类型)。

该指令在 ST 语言环境中的指令格式为:

OUT:= SEL(G, IN0, IN1)

场景应用:在罐区到车间丙酮自动控制系统中,当罐区到车间丙酮流量大于 30 T/h 时,关闭调节阀门,否则正常自动调节,如图 3.41 所示。

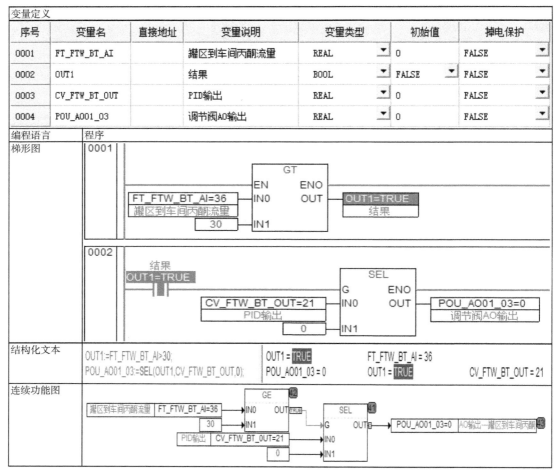

图 3.41   SLE 指令场景应用

3.2.4.2   MAX——取最大值指令

在两个输入数据中选择最大值作为输出,如图 3.42 所示。各输入引脚和输出引脚可以是任意数据类型(不包括 BOOL、STRING、数组、指针类型)。

图 3.42   MAX 指令

该指令在 ST 语言环境中的指令格式为:

OUT := MAX(IN0, IN1)

场景应用:在罐区到车间丙酮自动控制系统中,有 3 个流量变送器进行监测,取 3 个流量中的最大值进行输出,如图 3.43 所示。

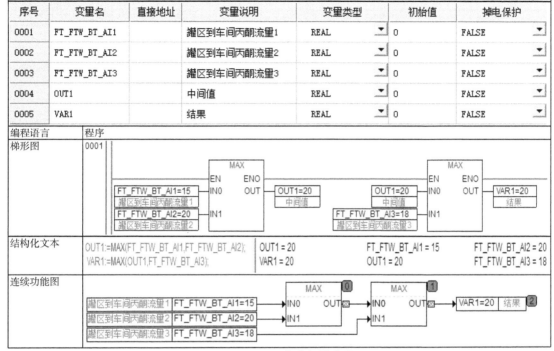

图 3.43　MAX 指令场景应用

3.2.4.3　MIN——取最小值指令

在两个输入数据中选择最小值作为输出,如图 3.44 所示。各输入引脚和输出引脚可以是任意数据类型(不包括 BOOL、STRING、数组、指针类型)。

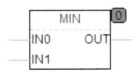

图 3.44　MIN 指令

该指令在 ST 语言环境中的指令格式为:

OUT:= MIN(IN0, IN1)

场景应用:加药系统中,有 3 套二氧化氯存储罐,每套存储罐有 1 个远传液位计进行实时液位监测。在该应用中,取 3 个液位中的最小值进行输出,如图 3.45 所示。

序号	变量名	直接地址	变量说明	变量类型	初始值	掉电保护
0001	VAR1		结果	REAL	0	FALSE
0002	LT_FTW_BT_AI1		二氧化氯储罐液位1	REAL	0	FALSE
0003	LT_FTW_BT_AI2		二氧化氯储罐液位2	REAL	0	FALSE
0004	LT_FTW_BT_AI3		二氧化氯储罐液位3	REAL	0	FALSE

图 3.45　MIN 指令场景应用

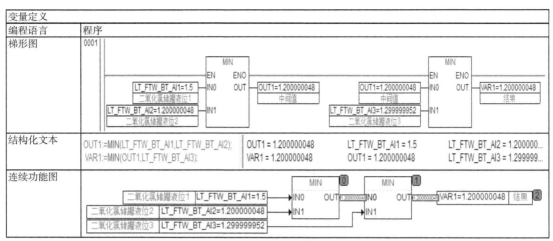

图 3.45　MIN 指令场景应用(续)

3.2.4.4　MUX——多选一指令

通过控制数在多个输入数据中选择一个作为输出,如图 3.46 所示。组态时,可以右键选中函数块,选择"高级"选项,点击"多输入",根据需要增加输入引脚。

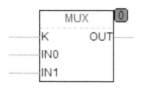

图 3.46　MUX 指令

在 MUX 指令中,K 为控制数,IN0,$\cdots$,INn 为输入数据,OUT 为输出结果。控制数为 K 时选择第 INk 个输入数据作为输出。其中,IN0,$\cdots$,INn 和 OUT 可以是任意数据类型(不包括 BOOL、STRING、数组、指针类型),K 必须是 BYTE、WORD、DWORD、SINT、USINT、INT、UINT、DINT、UDINT、LINT、ULINT、LWORD 型。

该指令在 ST 语言环境中的指令格式为:

OUT:=MUX(K,IN0,$\cdots$,INn)

场景应用:在循环流化床锅炉系统中,有多个热电偶元件监测床层温度。在该应用中,对输入的 4 个床层温度按照选择模式选择后进行输出,如图 3.47 所示。

3.2.4.5　LIMIT——限幅指令

用于判断输入数据是否在最小值和最大值之间,若输入数据在二者之间,则直接把输入数据作为输出数据进行输出,如图 3.48 所示。若输入数据大于最大值,则把最大值作为输出值。若输入数据小于最小值,则把最小值作为输出值。IN 和 OUT 可以是任意数据类型(不包括 BOOL、STRING、数组、指针类型)。

变量定义						
序号	变量名	直接地址	变量说明	变量类型	初始值	掉电保护
0001	TE_FTW_BT_AI1		循环流化床层温度1	REAL	0	FALSE
0002	TE_FTW_BT_AI2		循环流化床层温度2	REAL	0	FALSE
0003	TE_FTW_BT_AI3		循环流化床层温度3	REAL	0	FALSE
0004	TE_FTW_BT_AI4		循环流化床层温度4	REAL	0	FALSE
0005	OUT1		输出	REAL	0	FALSE
0006	MODEL		模式	INT	0	FALSE

编程语言	程序
梯形图	（MUX 梯形图） MUX EN　ENO MODEL=0 模式 — K　OUT — OUT1=31 输出 TE_FTW_BT_AI1=31 循环流化床层温度1 — IN0 TE_FTW_BT_AI2=33 循环流化床层温度2 — IN1 TE_FTW_BT_AI3=32 循环流化床层温度3 — IN2 TE_FTW_BT_AI4=35 循环流化床层温度4 — IN3
结构化文本	OUT1:=MUX(MODEL,TE_FTW_BT_AI1,TE_FTW_BT_AI2,TE_FTW_BT_AI3,TE_FTW_BT_AI4); OUT1 = 31　　　MODEL = 0　　　TE_FTW_BT_AI1 = 31　　　TE_FTW_BT_AI2 = 33　　　TE_FTW_BT_AI3 = 32 TE_FTW_BT_AI4 = 35
连续功能图	（MUX 连续功能图） 模式 MODEL=0 — K　OUT — OUT1=31 结果 循环流化床层温度1 TE_FTW_BT_AI1=31 — IN0 循环流化床层温度2 TE_FTW_BT_AI2=33 — IN1 循环流化床层温度3 TE_FTW_BT_AI3=32 — IN2 循环流化床层温度4 TE_FTW_BT_AI4=35 — IN3

图 3.47　MUX 指令场景应用

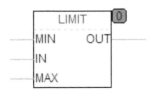

图 3.48　LIMIT 指令

该指令在 ST 语言环境中的指令格式为：

OUT := LIMIT(Min, IN, Max)

场景应用：在 PID 调节系统中，为了防止目标设定值 SP 输入过大或过小造成误操作现象,通常对输入的 SP 值进行限幅后再输出。在该应用中,对主汽压力调节阀 PID 自动调节的目标设定值 SP 进行限幅后输出,用于实现 PID 自动调节,如图 3.49 所示。

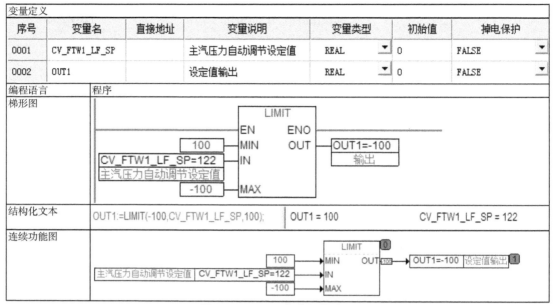

变量定义						
序号	变量名	直接地址	变量说明	变量类型	初始值	掉电保护
0001	CV_FTW1_LF_SP		主汽压力自动调节设定值	REAL	0	FALSE
0002	OUT1		设定值输出	REAL	0	FALSE

编程语言	程序
梯形图	
结构化文本	OUT1:=LIMIT(-100,CV_FTW1_LF_SP,100);　　OUT1 = 100　　　　CV_FTW1_LF_SP = 122
连续功能图	

图 3.49　LIMIT 指令场景应用

3.2.5　移位运算指令

移位运算指令包括左移、右移、循环左移和循环右移指令。移位运算指令均是以函数方式实现的指令,使用时直接调用,无须声明。

3.2.5.1　SHL——左移指令

对操作数进行按位左移,左边移出的位不作处理,右边移空位自动补 0,如图 3.50 所示。输入、输出数据类型可以是 BYTE、INT、WORD、DWORD、SINT、UINT、USINT、DINT、LINT、ULINT、LWORD 型。

图 3.50　SHL 指令

其中,输入引脚 IN 端为输入数据,N 端为左移次数。以左移 2 次为例,表 3.4 为左移 2 次后的结果。

表 3.4　左移 2 次移位表

数据位	B7	B6	B5	B4	B3	B2	B1	B0
输入数据	1	0	1	1	0	0	1	0
左移 1 次	0	1	1	0	0	1	0	0
左移 2 次	1	1	0	0	1	0	0	0

场景应用：对输入的变量 VAR1 左移 2 次后输出给变量 OUT1，如图 3.51 所示。

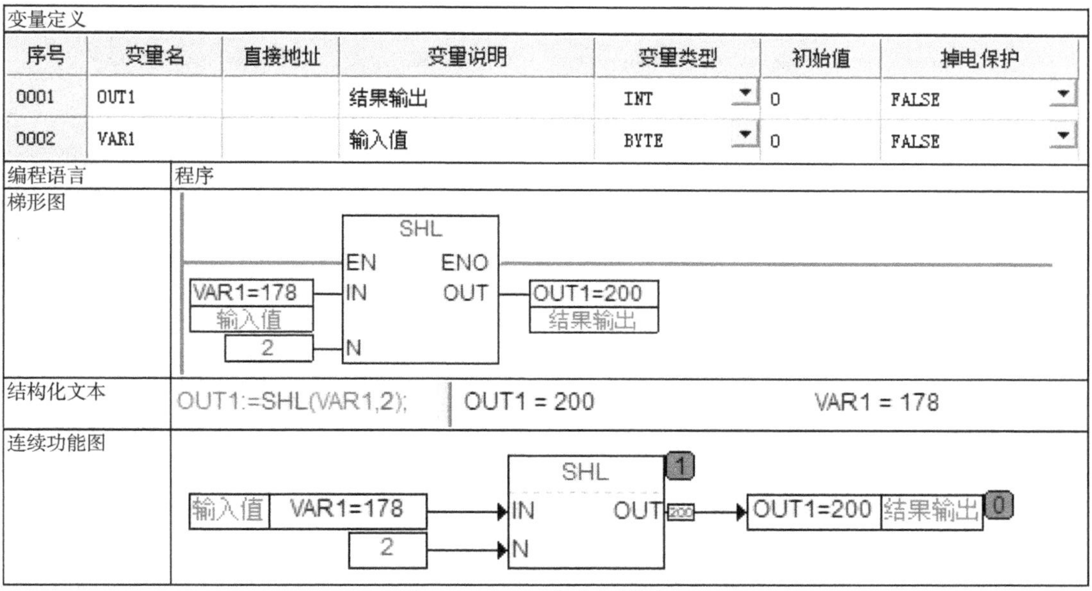

变量定义						
序号	变量名	直接地址	变量说明	变量类型	初始值	掉电保护
0001	OUT1		结果输出	INT ▼	0	FALSE ▼
0002	VAR1		输入值	BYTE ▼	0	FALSE ▼

编程语言	程序
梯形图	SHL EN　　ENO VAR1=178─IN　　OUT─OUT1=200 输入值　　　　　　结果输出 2─N
结构化文本	OUT1:=SHL(VAR1,2);　　OUT1 = 200　　　　VAR1 = 178
连续功能图	SHL ① 输入值 VAR1=178→IN　OUT 200→ OUT1=200 结果输出 ⓪ 2→N

图 3.51　SHL 指令场景应用

3.2.5.2　SHR——右移指令

对操作数进行按位右移，右边移出的位不作处理，左边自动补 0，如图 3.52 所示。输入、输出的数据类型可以是 BYTE、INT、WORD、DWORD、SINT、UINT、USINT、DINT、LINT、ULINT、LWORD 型。

图 3.52　SHR 指令

其中，输入引脚 IN 端为输入数据，N 端为右移次数。以右移 2 次为例，表 3.5 为右移 2 次后的结果。

表 3.5　右移 2 次移位表

数据条件	B7	B6	B5	B4	B3	B2	B1	B0
输入数据	1	0	1	1	0	0	1	0
右移 1 次	0	1	0	1	1	0	0	1
右移 2 次	0	0	1	0	1	1	0	0

场景应用:对输入的变量 VAR1 右移 2 次后输出给变量 OUT1,如图 3.53 所示。

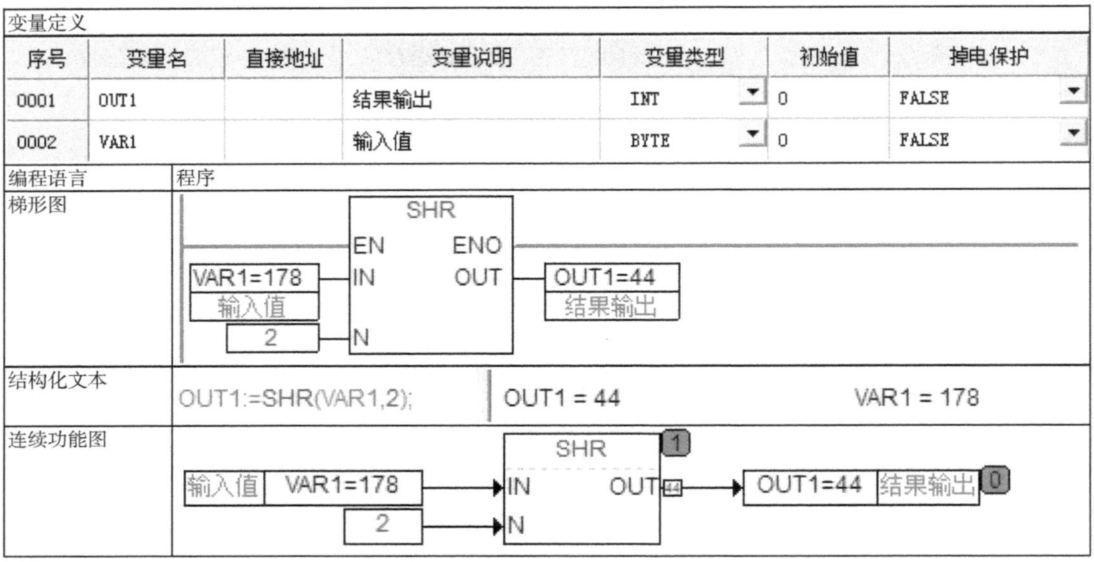

变量定义						
序号	变量名	直接地址	变量说明	变量类型	初始值	掉电保护
0001	OUT1		结果输出	INT ▼	0	FALSE ▼
0002	VAR1		输入值	BYTE ▼	0	FALSE ▼

编程语言	程序
梯形图	SHR EN　　ENO VAR1=178 —IN　　OUT— OUT1=44 输入值　　　　　结果输出 2 —N
结构化文本	OUT1:=SHR(VAR1,2);　　　OUT1 = 44　　　　　VAR1 = 178
连续功能图	输入值 VAR1=178 → IN　SHR ①　OUT 44 → OUT1=44 结果输出 ⓪ 2 → N

图 3.53　SHR 指令场景应用

3.2.5.3　ROL——循环左移指令

对操作数进行按位循环左移,左边移出的位直接补充到右边最低位,如图 3.54 所示。输入、输出的数据类型可以是 BYTE、INT、WORD、DWORD、SINT、UINT、USINT、DINT、LINT、ULINT、LWORD 型。

图 3.54　ROL 指令

其中,输入引脚 IN 端为输入数据, N 端为循环左移次数。以循环左移 2 次为例,表 3.6 为循环左移 2 次后的结果。

表 3.6 循环左移 2 次移位表

数据位	B7	B6	B5	B4	B3	B2	B1	B0
输入数据	1	0	1	1	0	0	1	0
循环左移 1 次	0	1	1	0	0	1	0	1
循环左移 2 次	1	1	0	0	1	0	1	0

场景应用:对输入的变量 VAR1 循环左移 2 次后输出给变量 OUT1,如图 3.55 所示。

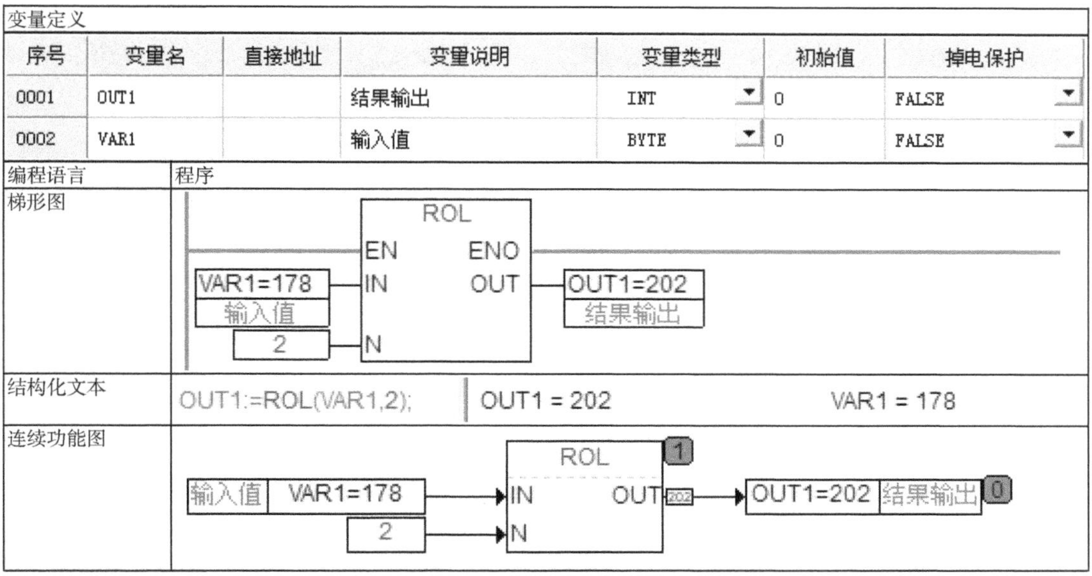

变量定义							
序号	变量名	直接地址	变量说明	变量类型		初始值	掉电保护
0001	OUT1		结果输出	INT	▼	0	FALSE ▼
0002	VAR1		输入值	BYTE	▼	0	FALSE ▼

编程语言	程序
梯形图	ROL EN ENO VAR1=178 — IN OUT — OUT1=202 输入值 结果输出 2 — N
结构化文本	OUT1:=ROL(VAR1,2); OUT1 = 202 VAR1 = 178
连续功能图	输入值 VAR1=178 → IN ROL ① OUT 202 → OUT1=202 结果输出 ⓪ 2 → N

图 3.55 ROL 指令场景应用

3.2.5.4 ROR——循环右移指令

对操作数进行按位循环右移,右边移出的位直接补充到左边最高位,如图 3.5 所示。输入、输出的数据类型可以是 BYTE、INT、WORD、DWORD、SINT、UINT、USINT、DINT、LINT、ULINT、LWORD。

图 3.56 ROR 指令

其中,输入引脚 IN 端为输入数据,N 端为循环右移次数。以循环右移 2 次为例,表 3.7 为循环右移 2 次后的结果。

表 3.7　循环右移 2 次移位表

数据位	B7	B6	B5	B4	B3	B2	B1	B0
输入数据	1	0	1	1	0	0	1	0
循环右移 1 次	0	1	0	1	1	0	0	1
循环右移 2 次	1	0	1	0	1	1	0	0

场景应用:对输入的变量 VAR1 循环右移 2 次后输出给变量 OUT1,如图 3.57 所示。

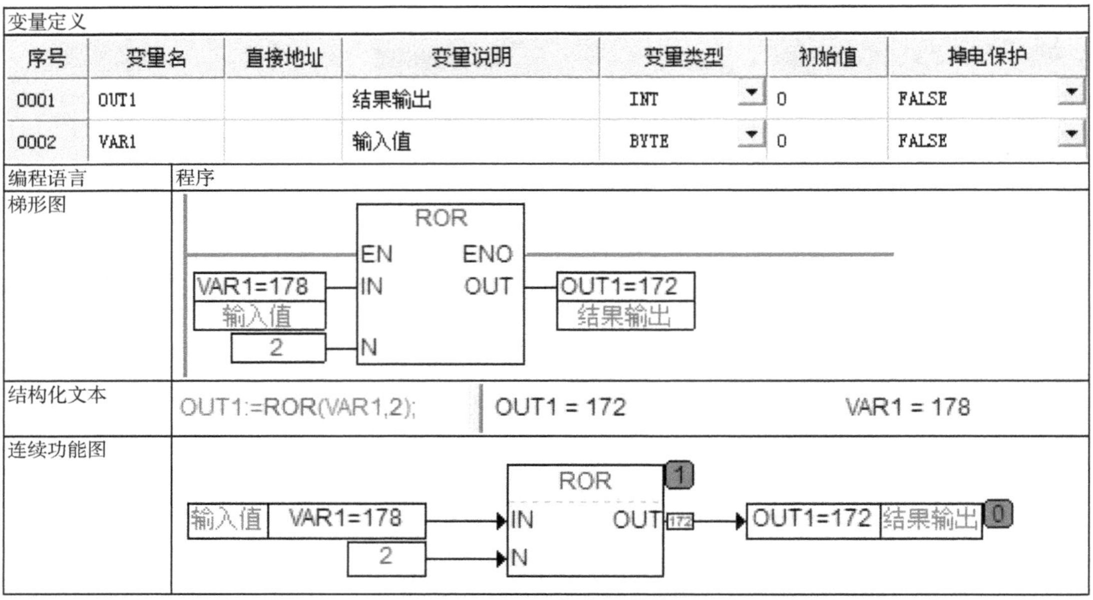

图 3.57　ROR 指令场景应用

3.2.6　数据类型转换指令

不同指令的输入、输出引脚对应的数据类型有所不同。工程应用中,需要根据实际情况,对不同的数据类型进行转换。和利时的组态软件 AutoThink 提供了 200 个数据类型转换指令,转换格式均为:<TYPE1>_TO_<TYPE2>,下面介绍常用的数据类型转换指令。

3.2.6.1　BOOL 类型转换指令(BOOL_TO_TYPE)

该指令是把布尔类型转换为其他数据类型。当输出为数字类型时,如果输入是 TRUE,则输出为 1,如果输入是 FALSE,则输出为 0。当输出为字符串类型时,如果输入是 TRUE,则输出字符串 'TRUE',如果输入是 FALSE,则输出为字符串 'FALSE'。

场景应用:将 BOOL 类型的变量 VAR1 分别转换为 INT 型、TIME 型、DATA 型、STRING 型,如图 3.58 所示。

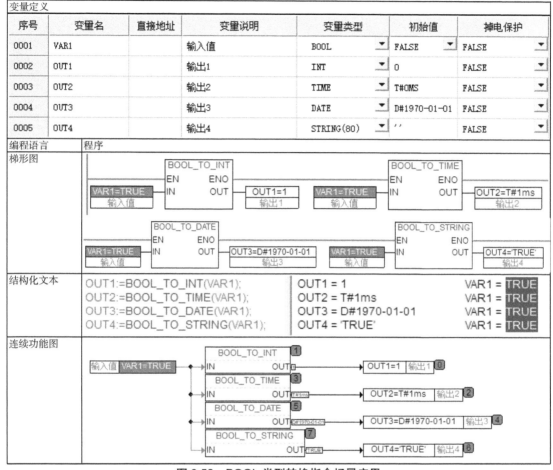

图 3.58　BOOL 类型转换指令场景应用

3.2.6.2　BYTE 类型转换指令(BYTE_TO_TYPE)

该指令是把字节类型转换为其他数据类型。当转换指令为 BYTE_TO_BOOL 时,若输入不等于 0 则输出为 TRUE,若输入等于 0 则输出为 FALSE。当转换指令为 BYTE_TO_TIME、BYTE_TO_TOD 时,输入将以 ms 值进行转换。当转换指令为 BYTE_TO_DATE、BYTE_TO_DT 时,输入将以 s 值进行转换。

场景应用:将 BYTE 类型的变量 VAR1 分别转换为 BOOL 型、TIME 型和 REAL 型,如图 3.59 所示。

变量定义						
序号	变量名	直接地址	变量说明	变量类型	初始值	掉电保护
0001	VAR1		输入值	BYTE	0	FALSE
0002	OUT1		输出1	BOOL	FALSE	FALSE
0003	OUT2		输出2	TIME	T#0MS	FALSE
0004	OUT3		输出3	REAL	0	FALSE
编程语言	程序					

图 3.59　BYTE 类型转换指令场景应用

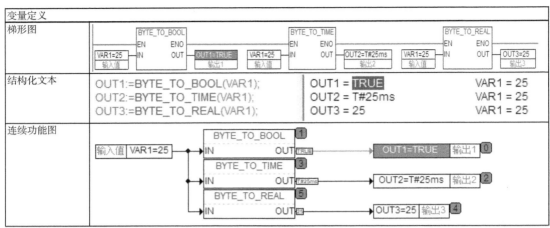

变量定义

梯形图			

BYTE_TO_BOOL
EN ENO
VAR1=25 —IN OUT— OUT1=TRUE
输入值 输出1

BYTE_TO_TIME
EN ENO
VAR1=25 —IN OUT— OUT2=T#25ms
输入值 输出2

BYTE_TO_REAL
EN ENO
VAR1=25 —IN OUT— OUT3=25
输入值 输出3

结构化文本

OUT1:=BYTE_TO_BOOL(VAR1);　　OUT1 = TRUE　　　　VAR1 = 25
OUT2:=BYTE_TO_TIME(VAR1);　　OUT2 = T#25ms　　　VAR1 = 25
OUT3:=BYTE_TO_REAL(VAR1);　　OUT3 = 25　　　　　VAR1 = 25

连续功能图

输入值 VAR1=25
BYTE_TO_BOOL ①
IN OUT TRUE → OUT1=TRUE 输出1 ⓪
BYTE_TO_TIME ③
IN OUT T#25ms → OUT2=T#25ms 输出2 ②
BYTE_TO_REAL ⑤
IN OUT → OUT3=25 输出3 ④

图 3.59　BYTE 类型转换指令场景应用(续)

3.2.6.3　DATE 类型转换指令(DATE_TO_TYPE)

　　该指令是把日期型数据转换为其他类型数据,日期在内部以 s 为单位存储,时间从 1970 年 1 月 1 日开始。当转换指令为 DATE_TO_BOOL 时,若输入不等于 0,则输出为 TRUE;若输入等于 0,则输出为 FALSE。

　　场景应用:将 DATE 类型的变量 VAR1 转换为 INT 型,如图 3.60 所示。

变量定义

序号	变量名	直接地址	变量说明	变量类型	初始值	掉电保护
0001	OUT1		输出1	INT ▼	0	FALSE ▼
0002	VAR1		输入值	DATE ▼	D#1970-...	FALSE ▼

编程语言	程序

梯形图

DATE_TO_INT
EN ENO
VAR1=D#1970-01-15 —IN OUT— OUT1=29952
输入值 输出1

结构化文本

OUT1:=DATE_TO_INT(VAR1);　　OUT1 = 29952　　　　VAR1 = D#1970-01-15

连续功能图

DATE_TO_INT ①
输入值 VAR1=D#1970-01-15 →IN OUT 29952 → OUT1=29952 输出1 ⓪

图 3.60　DATE 类型转换指令场景应用

3.2.6.4　DINT 类型转换指令(DINT_TO_TYPE)

　　该指令是把双整数类型转换为其他数据类型。当转换指令为 DINT_TO_BOOL 时,若输入不等于 0,则输出为 TRUE;若输入等于 0,则输出为 FALSE。当转换指令为 DINT_TO_TIME、DINT _TO_TOD 时,输入将以 ms 值进行转换。当转换指令为 DINT_TO_DATE、DINT _TO_DT 时,输入将以 s 值进行转换。

场景应用:将 DINT 类型的变量 VAR1 转换为 INT 型和 TIME 型,如图 3.61 所示。

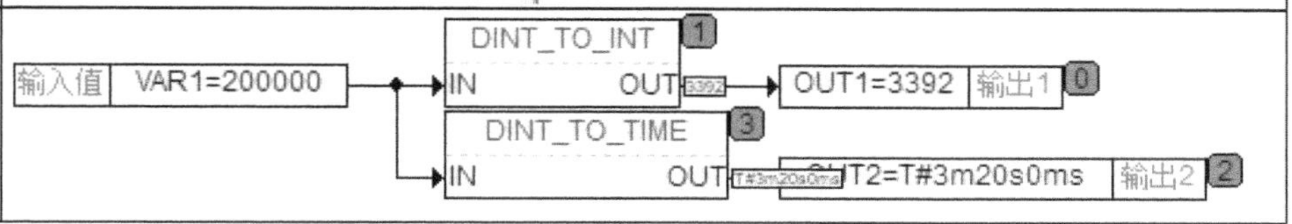

图 3.61　DINT 类型转换指令场景应用

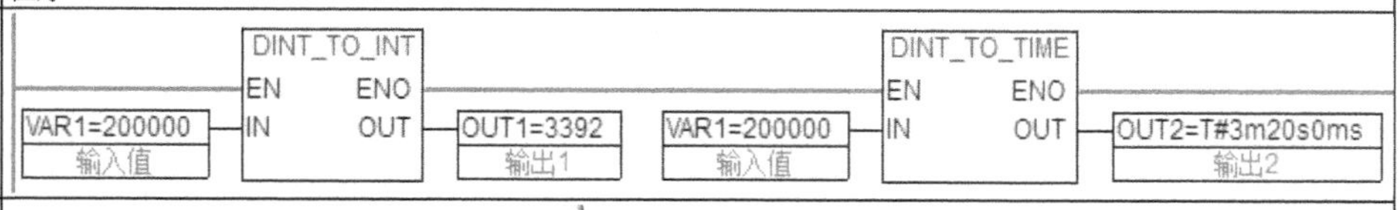

3.2.6.5　DT 类型转换指令(DT_TO_TYPE)

该指令是把日期时间型数据转换为其他类型数据,日期在内部以 s 为单位存储,时间从 1970 年 1 月 1 日开始。当转换指令为 DT_TO_BOOL 时,若输入不等于 0,则输出为 TRUE;若输入等于 0,则输出为 FALSE。

场景应用:将 DT 类型的变量 VAR1 转换为 BOOL 型和 BYTE 型,如图 3.62 所示。

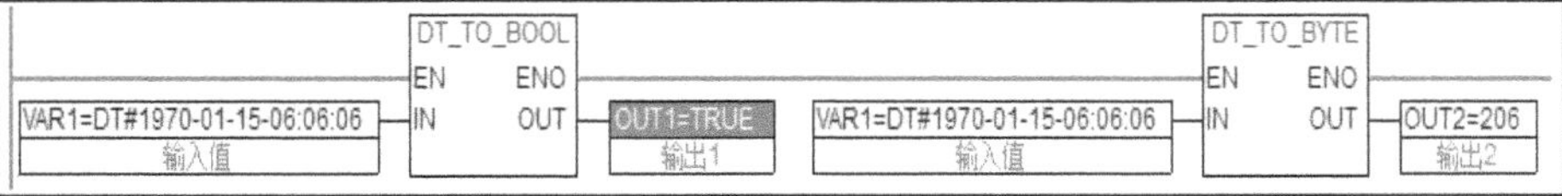

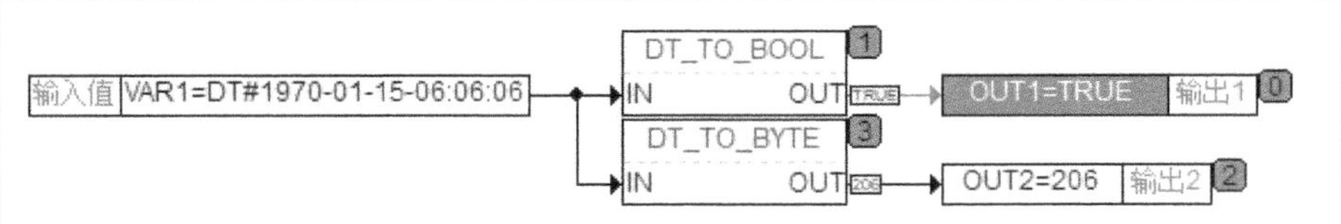

图 3.62　DT 类型转换指令场景应用

3.2.6.6　DWORD 类型转换指令（DWORD_TO_TYPE）

该指令是把双字类型转换为其他数据类型。当转换指令为 DWORD_TO_BOOL 时，若输入不等于 0，则输出为 TRUE；若输入等于 0，则输出为 FALSE。当转换指令为 DWORD_TO_TIME、DWORD_TO_TOD 时，输入将以 ms 值进行转换。当转换指令为 DWORD_TO_DATE、DWORD_TO_DT 时，输入将以 s 值进行转换。

场景应用：将 DWORD 类型的变量 VAR1 转换为 TIME 型和 DT 型，如图 3.63 所示。

变量定义						
序号	变量名	直接地址	变量说明	变量类型	初始值	掉电保护
0001	VAR1		输入值	DWORD	0	FALSE
0002	OUT1		输出1	TIME	T#0MS	FALSE
0003	OUT2		输出2	DT	DT#1970-01-01-0...	FALSE

编程语言	程序		
梯形图	DWORD_TO_TIME EN ENO VAR1=22271 —IN OUT— OUT1=T#22s271ms 输入值　　　　　　　输出1		DWORD_TO_DT EN ENO VAR1=22271 —IN OUT— OUT2=DT#1970-01-01-06:11:11 输入值　　　　　　　输出2
结构化文本	OUT1:=DWORD_TO_TIME(VAR1); OUT2:=DWORD_TO_DT(VAR1);	OUT1 = T#22s271ms OUT2 = DT#1970-01-01-06:...	VAR1 = 22271 VAR1 = 22271
连续功能图	输入值 VAR1=22271 —IN　DWORD_TO_TIME ①　OUT— T#22s271ms OUT1=T#22s271ms 输出1 ⓪ —IN　DWORD_TO_DT ③　OUT— DT#1970-01-01-06:11:11 OUT2=DT#1970-01-01-06:11:11 输出2 ②		

图 3.63　DWORD 类型转换指令场景应用

3.2.6.7　WORD 类型转换指令（WORD_TO_TYPE）

该指令是把字类型转换为其他数据类型。当转换指令为 WORD_TO_BOOL 时，若输入不等于 0，则输出为 TRUE；若输入等于 0，则输出为 FALSE。当转换指令为 WORD_TO_TIME、WORD_TO_TOD 时，输入将以 ms 值进行转换。当转换指令为 WORD_TO_DATE、WORD_TO_DT 时，输入将以 s 值进行转换。

场景应用：将 WORD 类型的变量 VAR1 转换为 TIME 型和 DT 型，如图 3.64 所示。

变量定义						
序号	变量名	直接地址	变量说明	变量类型	初始值	掉电保护
0001	VAR1		输入值	WORD	0	FALSE
0002	OUT1		输出1	TIME	T#0MS	FALSE
0003	OUT2		输出2	DT	DT#1970-01-01-0...	FALSE

编程语言	程序	
梯形图	WORD_TO_TIME EN ENO VAR1=22271 —IN OUT— OUT1=T#22s271ms 输入值　　　　　　　输出1	WORD_TO_DT EN ENO VAR1=22271 —IN OUT— OUT2=DT#1970-01-01-06:11:11 输入值　　　　　　　输出2

图 3.64　WORD 类型转换指令场景应用

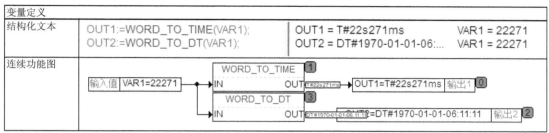

图 3.64　WORD 类型转换指令场景应用（ 续 ）

3.2.6.8　LREAL 类型转换指令（ LREAL_TO_TYPE ）

该指令是把长实型数据转换为其他类型数据。当转换指令为 LREAL_TO_BOOL 时，若输入不等于 0，则输出为 TRUE；若输入等于 0，则输出为 FALSE。当转换指令为 LREAL_TO_TIME、LREAL_TO_TOD 时，输入将以 ms 值进行转换。当转换指令为 LREAL_TO_DATE、LREAL_TO_DT 时，输入将以 s 值进行转换。当转换指令为 LREAL_TO_STRING 时，转换后的字符串长度最大值为 16。

场景应用：将 REAL 类型的变量 VAR1 开平方根后输出为 LREAL 型，将该类型数据转换为 REAL 型输出，如图 3.65 所示。

变量定义						
序号	变量名	直接地址	变量说明	变量类型	初始值	掉电保护
0001	VAR1		输入值	REAL	0	FALSE
0002	OUT1		输出1	LREAL	0	FALSE
0003	OUT2		输出2	REAL	0	FALSE
编程语言	程序					
梯形图	SQRT 图示，EN ENO，VAR1=5 IN OUT OUT1=2.23606797749979 8，输出1；LREAL_TO_REAL，EN ENO，IN OUT OUT2=2.23606801，输出2					
结构化文本	OUT1:=SQRT(VAR1);　OUT1 = 2.23606797749997898　VAR1 = 5　OUT2:=LREAL_TO_REAL(OUT1);　OUT2 = 2.23606801　OUT1 = 2.23606797749997898					
连续功能图	SQRT①，输入值 VAR1=5 IN OUT 2.23606797749979 8；LREAL_TO_REAL②，OUT 2.23606801，OUT1=2.23606801 输出1⓪					

图 3.65　LREAL 类型转换指令场景应用

3.2.6.9　REAL 类型转换指令（ REAL_TO_TYPE ）

该指令是把实数类型数据转换为其他类型数据。当转换指令为 REAL_TO_BOOL 时，若输入不等于 0，则输出为 TRUE；若输入等于 0，则输出为 FALSE。当转换指令为 REAL_TO_TIME、REAL_TO_TOD 时，输入将以 ms 值进行转换。当转换指令为 REAL_TO_DATE、REAL_TO_DT 时，输入将以 s 值进行转换。

场景应用：在脱硫除雾器冲洗水系统中，需要根据工艺要求启动冲洗程控系统对除雾器定期进行自动或手动冲洗。该应用中，将上层操作画面中下发的除雾器冲洗程控设定时间

CK_TIME(以 s 为单位的时间)转换成 TIME 类型的变量,用于 TON 计时器的计时时间,如图 3.66 所示。

变量定义						
序号	变量名	直接地址	变量说明	变量类型	初始值	掉电保护
0001	CK_TIME		除雾器冲洗程控设定时间	REAL ▼	0	FALSE ▼
0002	TON_PT		延时接通计时器的计时时间	TIME ▼	T#0MS	FALSE ▼
0003	OUT1		输出1	REAL ▼	0	FALSE ▼

编程语言	程序
梯形图	
结构化文本	TON_PT:=REAL_TO_TIME(CK_TIME*1000);　　　TON_PT = T#20s0ms　　　CK_TIME = 20
连续功能图	

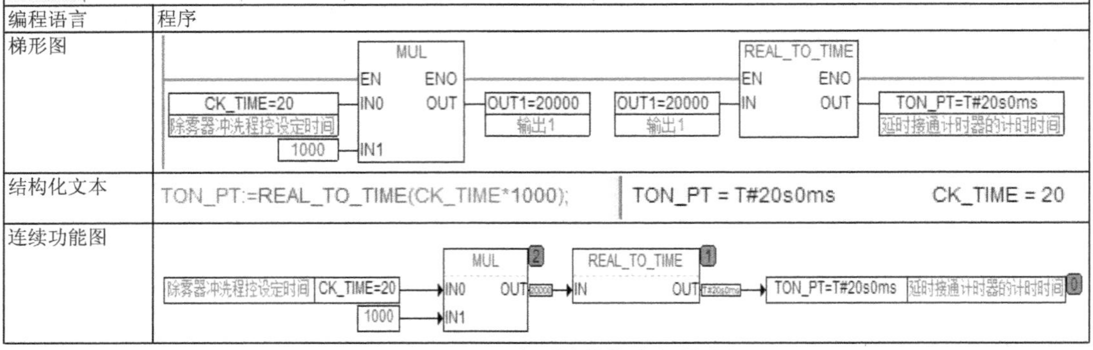

图 3.66　REAL 类型转换指令场景应用

3.2.6.10　TIME 类型转换指令(TIME_TO_TYPE)

该指令是把时间型数据转换为其他类型数据,时间在内部以 ms 为单位存储成 DWORD 类型(对于 TIME_OF_DAY 变量从 00：00 开始)。当转换指令为 TIME_TO_BOOL 时,若输入不等于 0,则输出为 TRUE;若输入等于 0,则输出为 FALSE。

　　场景应用:将 TIME 类型的电磁阀开阀最大动作时间 TIME_MAX 转换成 DWORD 类型输出,用于和电磁阀实际打开的时间比较大小,如图 3.67 所示。

变量定义						
序号	变量名	直接地址	变量说明	变量类型	初始值	掉电保护
0001	TIME_MAX		电磁阀开阀最大动作时间	TIME ▼	T#0MS	FALSE ▼
0002	TIME_DONE		电磁阀实际打开的时间	DWORD ▼	0	FALSE ▼
0003	OUT1		输出1	BOOL ▼	FALSE ▼	FALSE ▼
0004	OUT2		输出2	BOOL ▼	FALSE ▼	FALSE ▼

编程语言	程序
梯形图	
结构化文本	OUT1:=TIME_TO_DWORD(TIME_MAX);　OUT1 = 600000　　　　TIME_MAX = T#10m0s0ms OUT2:=TIME_DONE>OUT1;　　　　　OUT2 = TRUE　　　　TIME_DONE = 700000　　OUT1 = 600000
连续功能图	

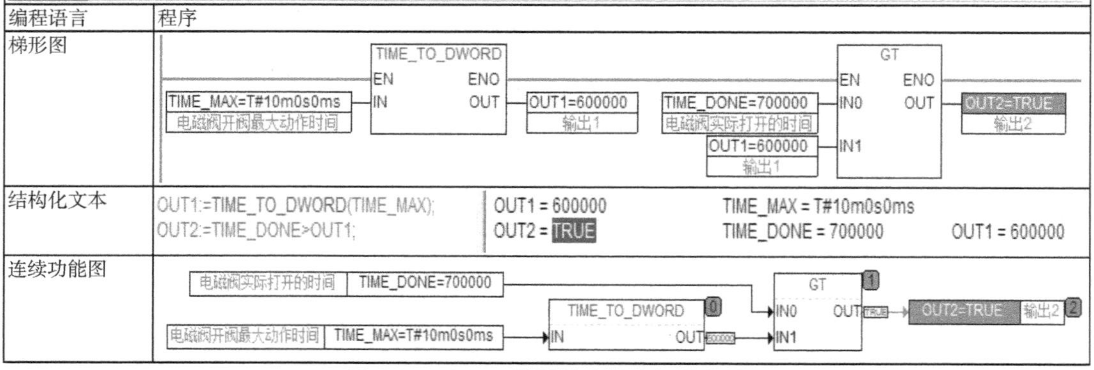

图 3.67　TIME 类型转换指令场景应用

3.2.6.11　TRUNC 指令

该指令用于实现对浮点数取整数位功能。输入的数据类型为 REAL 型,输出的数据类型可以为 DINT、LINT、ULINT、LWORD 型。

场景应用:对 REAL 类型的变量 VAR1 取整数位进行输出,如图 3.68 所示。

变量定义						
序号	变量名	直接地址	变量说明	变量类型	初始值	掉电保护
0001	OUT1		结果输出	DINT	0	FALSE
0002	VAR1		输入1	REAL	0	FALSE

编程语言	程序
梯形图	TRUNC EN　　ENO VAR1=68.12000275 — IN　　OUT — OUT1=68 CMT　　　　　　　　　　　　输出
结构化文本	OUT1:=TRUNC(VAR1);　　OUT1 = 68　　　　　VAR1 = 68.12000275
连续功能图	TRUNC ② 输入1 VAR1=68.12000275 → IN　OUT → OUT1=68 结果输出③

图 3.68　TRUNC 指令场景应用

3.2.7　地址运算指令

3.2.7.1　ADR——取地址指令

该指令用于取得输入变量的内存地址,并输出。该地址可以在程序内当作指针使用,也可以作为指针传送给函数,还可以配合取值指令 VAL 一起使用。使用时务必保证指针类型与所指的变量类型匹配。

场景应用:读取 BYTE 类型的变量 VAR01 的地址,并作为指针输出给变量 VarAddress,如图 3.6.9 所示。

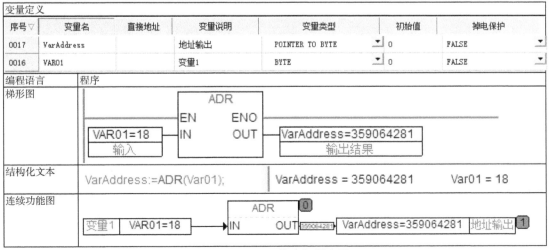

变量定义						
序号▽	变量名	直接地址	变量说明	变量类型	初始值	掉电保护
0017	VarAddress		地址输出	POINTER TO BYTE	0	FALSE
0016	VAR01		变量1	BYTE	0	FALSE

编程语言	程序
梯形图	ADR EN　　ENO VAR01=18 — IN　　OUT — VarAddress=359064281 输入　　　　　　　　　　　输出结果
结构化文本	VarAddress:=ADR(Var01);　　VarAddress = 359064281　　　Var01 = 18
连续功能图	ADR ⓪ 变量1 VAR01=18 → IN　OUT 359064281 → VarAddress=359064281 地址输出①

图 3.69　ADR 指令场景应用

3.2.7.2　VAL——取值指令

该指令用于取得指针所指地址的数据。可配合取地址指令 ADR 使用,读取某个指针所指地址的具体数值。

场景应用:通过取值指令读取 BYTE 类型的变量 VAR01 在该地址所对应的数值,并输出给变量 VAR02,如图 3.70 所示。

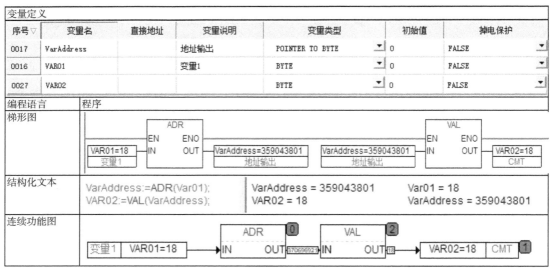

图 3.70　VAL 指令场景应用

3.2.8　沿触发器指令

沿触发器指令包括上升沿检测触发器 R_TRIG 和下降沿检测触发器 F_TRIG,它们分别用于检测信号上升沿和下降沿。沿触发器指令均是以功能块方式实现的指令,使用时需要定义实例名称,先声明再使用。

3.2.8.1　R_TRIG——上升沿检测触发器指令

该指令用于检测信号上升沿,当输入端检测到信号由 FALSE 变为 TRUE 时,输出端为 TRUE 信号,如图 3.71 所示,也可配合定时器指令进行定时输出(可参考 3.2.11 章节)。

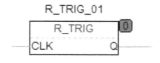

图 3.71　R_TRIG 功能块

输入端 CLK 为上升沿触发信号,BOOL 类型数据;输出端 Q 为信号输出,BOOL 类型数据。该功能块的逻辑关系为:

Q := CLK AND NOT M;

M := CLK;

其中 M 是初始值为 FALSE 的一个中间变量,只要 CLK 是 FALSE,Q 和 M 就是 FALSE。

每次调用指令时,Q 返回 FALSE。当 CLK 检测到信号上升沿时,Q 返回 TRUE。

场景应用:乙酸乙酯灌装变频器的控制回路为双电控控制方式,当上层操作员站按下乙酸乙酯灌装变频器的启动按钮时,触发上升沿信号, R_TRIG 指令输出为 TRUE 信号,用于手动启动该变频器,如图 3.72 所示。

变量定义						
序号	变量名	直接地址	变量说明	变量类型	初始值	掉电保护
0001	MO_YSYZ_START		乙酸乙酯灌装变频器启动按钮	BOOL	FALSE	FALSE
0002	R_TRIG01		上升沿触发器	R_TRIG		FALSE
0003	MO_YSYZ_STA...		变频器启动指令	BOOL	FALSE	FALSE

编程语言	程序
梯形图	0001　　　　　　　　　　　　上升沿触发器 　　　　　　　　　　　　　　　R_TRIG01 乙酸乙酯灌装变频器启动按钮　┌─R_TRIG─┐　　　　变频器 启动指令 MO_YSYZ_START=FALSE　│　　　　　│　MO_YSYZ_START_OUT=FALSE 　　　　　　　　　　　　　CLK　　　 Q　　　　　　（ ）
结构化文本	R_TRIG01(CLK:=MO_YSYZ_START);　　R_TRIG01　　　MO_YSYZ_START = FALSE YSYZ_START_OUT:=R_TRIG01.Q;　　YSYZ_START_OUT = FALSE　　R_TRIG01.Q = FALSE
连续功能图	上升沿触发器 R_TRIG01 乙酸乙酯灌装变频器启动按钮 MO_YSYZ_START=FALSE → CLK　R_TRIG　Q FALSE → MO_YSYZ_START_OUT=FALSE 变频器启动指令

图 3.72　R_TRIG 指令场景应用

3.2.8.2　F-TRIG 下降沿检测触发器指令

该指令用于检测信号下降沿,当检测到输入信号由 TRUE 变为 FALSE 时,输出端为 TRUE 信号,如图 3.73 所示,也可配合定时器指令进行定时输出(可参考 3.2.11 章节)。

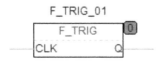

图 3.73　F_TRIG 功能块

输入端 CLK 为下降沿触发信号, BOOL 类型数据;输出端 Q 为信号输出,BOOL 类型数据。该功能块的逻辑关系为:

Q:= NOT CLK AND NOT M;

M:= NOT CLK;

其中 M 是初始值为 TRUE 的一个中间变量,只要 CLK 是 TRUE,Q 和 M 保持 FALSE。CLK 是 FALSE,Q 首次返回 TRUE,M 设置为 TRUE。每次调用指令时,Q 返回 FALSE,当 CLK 检测到信号下降沿时,Q 为 TRUE。

场景应用:在乙酸乙酯灌装变频自动控制回路中,当乙酸乙酯灌装变频器的变频运行状态消失时,触发下降沿信号, F_TRIG 指令输出为 TRUE 信号,用于关闭乙酸乙酯灌装电磁阀,如图 3.74 所示。

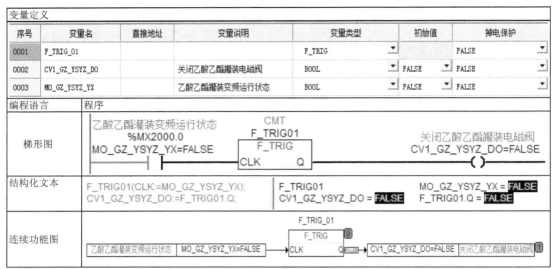

图 3.74　F_TRIG 指令场景应用

3.2.9　双稳态指令

双稳态指令包括复位优先双稳态器 RS 和置位优先双稳态器 SR，它们均是以功能块方式实现的指令，使用时需要定义实例名称，先声明再使用。

3.2.9.1　RS——复位优先双稳态器

复位优先双稳态器实现复位优先的触发器功能，输入端 Set、Reset 和输出端 Q 均为 BOOL 型变量。其中 Set 为置位信号，Reset 为复位信号，如图 3.75 所示。

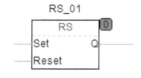

图 3.75　RS 功能块

该功能块的逻辑关系为：Q=NOT RESET AND（Q OR SET）。

RS 触发器真值表见表 3.8。

表 3.8　RS 触发器真值表

指令	SET	RESET	Q
	0	0	保持原状态
RS	1	0	1
	0	1	0
	1	1	0

场景应用：当罐区到车间乙醇流量越上限或者越下限时，RS 触发器的置位端输入

TRUE 信号,用于流量越限报警,且该报警保持输出;当点击复位按钮时,RS 触发器的复位端输入 TRUE 信号,报警消失;当越限报警和复位同时触发时,优先复位,如图 3.76 所示。

变量定义							
序号	变量名	直接地址	变量说明	变量类型	初始值	掉电保护	
0001	RS_01		RS触发器	RS		FALSE	
0002	FT_FTW_ALARM		罐区到车间乙醇流量越上限或越下限	BOOL	FALSE	FALSE	
0003	A_RESET		报警复位按钮	BOOL	FALSE	FALSE	
0004	A_OUT1		报警输出	BOOL	FALSE	FALSE	

编程语言	程序
梯形图	 RS_01 RS EN　　ENO FT_FTW_ALARM=TRUE　Set　　Q　A_OUT1=FALSE 罐区到车间乙醇流量越上限或越下限　　　　报警输出 A_RESET=TRUE　Reset 报警复位按钮
构化文本	RS_01(SET:=FT_FTW_ALARM,RESET:=A_RESET);　RS_01　　FT_FTW_ALARM = TRUE　A_RESET = TRUE A_OUT1:=RS_01.Q;　　A_OUT1 = FALSE　RS_01.Q = FALSE
连续功能图	 罐区到车间乙醇流量越上限或越下限 FT_FTW_ALARM=TRUE →Set RS_01 RS　0 Q FALSE 报警复位按钮 A_RESET=TRUE →Reset A_OUT1=FALSE 报警输出 1

图 3.76　RS 指令场景应用

3.2.9.2　SR——置位优先双稳态器

置位优先双稳态器实现置位优先的触发器功能,输入端 SET、RESET 和输出端 Q 均为 BOOL 型变量。其中 SET 为置位信号,RESET 为复位信号,如图 3.77 所示。

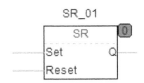

图 3.77　SR 功能块

该功能块的逻辑关系为:Q=(NOT RESET AND Q)OR SET。

SR 触发器真值表见表 3.9。

表 3.9　SR 触发器真值表

指令	SET	RESET	Q
SR	0	0	保持原状态
	1	0	1
	0	1	0
	1	1	1

场景应用:在单电控电磁阀控制回路中,电磁阀得电打开失电关闭是一种常见的动作方式。在该应用中,当远程手动打开吹扫电磁阀时,SR 触发器置位端输入 TRUE 信号,电磁阀得电开启,并且保持状态;当手动关闭该电磁阀时, SR 触发器复位端输入 TRUE 信号,电磁阀失电关闭;当开、关指令都触发时,优先打开电磁阀,如图 3.78 所示。

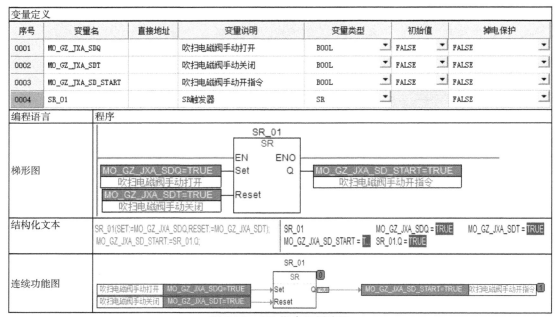

图 3.78　SR 指令场景应用

3.2.10　计数器指令

计数器指令包括递增计数器 CTU、递减计数器 CTD 和递增递减计数器 CTUD。计数器指令均是以功能块方式实现的指令,使用时需要定义实例名称,先声明再使用。

3.2.10.1　CTU——递增计数器

该指令用于实现对上升沿脉冲的递增计数功能。当输入端 CU 存在上升沿时,计数输出端 CV 的值递增 1,直至 CV 值大于等于设定值 PV 时,输出端 Q 将返回 TRUE。当 CV 值大于 PV 值后,仍会保持计数,直到 65 535。如果这时再有上升沿脉冲,CV 值保持在 65 535 不变。当 Reset 为 TRUE 时,计数输出 CV 初始化为 0,如图 3.79 所示。

输入变量 CU 和 Reset、输出变量 Q 都为 BOOL 类型,输入变量 PV 和输出变量 CV 都为 WORD 类型。

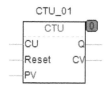

图 3.79　CTU 功能块

场景应用:对罐区氨水流量低报警的次数进行计数。该应用中,当罐区氨水流量低时,触发计数功能,当流量低的次数达到设定值 5 次时,计数器通过输出端 Q 进行报警输出。当按下计数器复位按钮时,计数器清零,如图 3.80 所示。

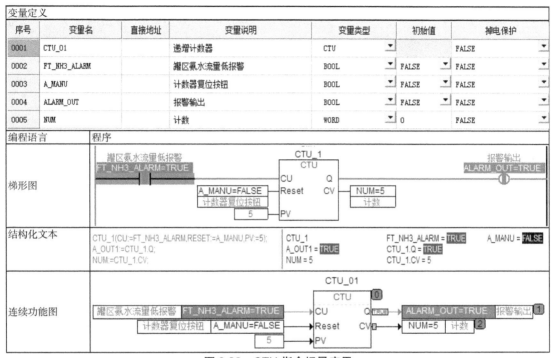

图 3.80   CTU 指令场景应用

3.2.10.2   CTD——递减计数器

该指令实现对上升沿脉冲的递减计数。当输入端 CD 为一上升沿信号时,若 CV 值大于 0,则按照设定的值递减 1(CV 的值不小于 0)。若 CV 值等于 0,则输出端 Q 为 TRUE。当 Load 为 TRUE 时,计数变量 CV 装载为 PV,如图 3.81 所示。

输入变量 CD 和 Load、输出变量 Q 都为 BOOL 类型,输入变量 PV 和输出变量 CV 都为 WORD 类型。

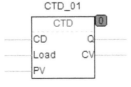

图 3.81   CTD 功能块

场景应用:在净水程控系统中共有 3 个排泥阀,当程控启动时,按步序先后打开 #1、#2、#3 排泥阀进行排泥。该应用中,第一步为打开 #1 排泥阀,运行 5 min 后关闭 #1 排泥阀;在 #1 排泥阀全关后,开始第二步操作,打开 #2 排泥阀,运行 5 min 后关闭 #2 排泥阀;在 #2 排泥阀全关后,开始第三步操作,打开 #3 排泥阀,运行 5 min 后再关闭。任何一个排泥阀打开则递减计数,当计数为 0 时,输出为 TRUE 信号,代表程控系统操作完成,如图 3.82 所示。

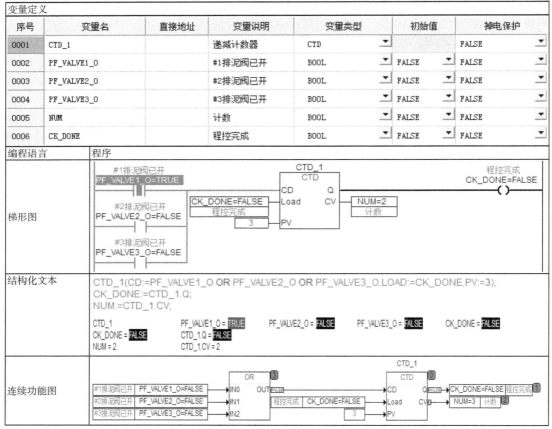

图 3.82　CTD 指令场景应用

3.2.10.3　CTUD——递增递减计数器

该指令既可实现单纯的递增、递减计数操作,又可实现继时的递增递减计数或递减递增计数功能。当输入端 CU 为一上升沿信号时, CV 值递增 1;当输入端 CD 为一上升沿信号时,若 CV 值大于 0,则按照设定的值递减 1(CV 的值不小于 0)。当 CV 值大于或者等于 PV 值时,QU 返回 TRUE;当 CV 值等于 0 时,QD 返回 TRUE。当 RESET 为 1 时,计数输出 CV 值初始化为 0;当 LOAD 为 1 时,计数输出 CV 值初始化为 PV 值,如图 3.83 所示。

输入端 PV 和输出端 CV 为 WORD 类型,其他均为 BOOL 类型。

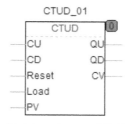

图 3.83　CTUD 功能块

场景应用:根据变量 VAR1 和 VAR2 的状态进行递增递减计数。当 VAR1 有上升沿时,触发递增计数功能,若 CV 递增到 5,则 OUT_U 输出为 TRUE;当 VAR2 有上升沿时,触发递减计数功能,若 CV 为 0,则 OUT_D 输出为 TRUE,如图 3.84 所示。

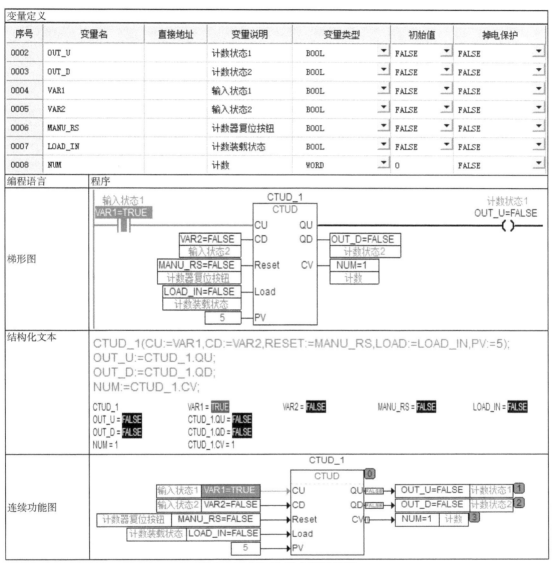

图 3.84　CTUD 指令场景应用

3.2.11　定时器指令

定时器包括普通定时器 TP、通电延时定时器 TON、断电延时定时器 TOF 和保持型通电延时定时器 TONR。定时器指令均是以功能块方式实现的指令,使用时需要定义实例名称,先声明再使用。

3.2.11.1　TP——普通定时器

普通定时器也称脉冲定时器。IN 端为定时器计时触发信号,Q 为定时器输出,PT 为定时时间,ET 为当前时间值。当 IN 从 FALSE 变成 TRUE 时,Q 为 TRUE,ET 开始以 ms 计时,直到 ET 等于 PT 后 ET 保持常数。在 ET 开始计时后,IN 值无效。当 ET 等于 PT 后,若 IN 变为 FALSE,则 Q 为 FALSE,ET 为 0,如图 3.85 所示。

输入端 IN 和输出端 Q 为 BOOL 型,PT 和 ET 为 TIME 型。

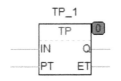

图 3.85　TP 功能块

TP 时序图如图 3.86 所示。

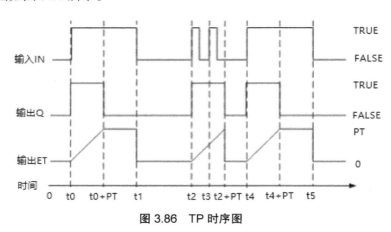

图 3.86　TP 时序图

场景应用:在 #1、#2 甲醇罐装泵联锁控制回路中,两台泵互为备用,始终有一台运行,确保甲醇不间断供应。当 #1 甲醇罐装泵运行信号消失时,触发 3s 脉冲信号,用于联锁启动 #2 甲醇罐装泵,如图 3.87 所示。

变量定义						
序号	变量名	直接地址	变量说明	变量类型	初始值	掉电保护
0001	PUMP_GZJC1_YX		#1甲醇罐装泵运行信号	BOOL	FALSE	FALSE
0002	F_TRIG02		下降沿触发器	F_TRIG		FALSE
0003	PUMP_GZJC2_ST		#2甲醇罐装泵联锁启动	BOOL	FALSE	FALSE
0004	TP_JC		TP定时器	TP		FALSE
0005	Timer01		计时过程	TIME	T#0MS	FALSE

编程语言	程序
梯形图	#1甲醇罐装泵运行信号 PUMP_GZJC1_YX=FALSE　F_TRIG02 F_TRIG CLK Q　　TP_JC TP　T#3S IN Q PT ET Timer01=T#500ms 计时过程　　#2甲醇罐装泵联锁启动 PUMP_GZJC2_ST=TRUE

图 3.87　TP 指令场景应用

变量定义			
结构化文本	F_TRIG02(CLK:=PUMP_GZJC1_YX); TP_JC(IN:=F_TRIG02.Q,PT:=T#3S); PUMP_GZJC2_ST:=TP_JC.Q;	F_TRIG02 TP_JC PUMP_GZJC2_ST = TRUE	PUMP_GZJC1_YX = FALSE F_TRIG02.Q = FALSE TP_JC.Q = TRUE
连续功能图	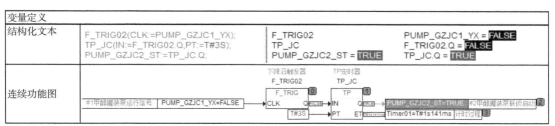		

图 3.87　TP 指令场景应用（续）

3.2.11.2　TON——通电延时定时器

通电后,定时器开始工作。当 IN 从 FALSE 变成 TRUE 时，ET 开始以 ms 计时，直到 ET 等于 PT 后 ET 保持常数，Q 变为 TRUE。ET 开始计时后,若 IN 变为 FALSE,则定时器停止计时,ET 变为 0,如图 3.88 所示。

输入端 IN 和输出端 Q 为 BOOL 型,PT 和 ET 为 TIME 类型。

图 3.88　TON 功能块

TON 时序图如图 3.89 所示。

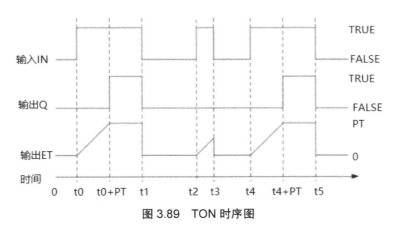

图 3.89　TON 时序图

场景应用:在甲酰胺变频器自动控制回路中,当甲酰胺泵出口压力大于设定的最大压力值时,延时 1 min,联锁停止甲酰胺变频器,如图 3.90 所示。

变量定义						
序号	变量名	直接地址	变量说明	变量类型	初始值	掉电保护
0001	Timer_JXA		计时过程	TIME	T#0MS	FALSE
0002	TON_JXA		甲酰胺定时器	TON		FALSE
0003	PT_JXA_AI		甲酰胺泵出口压力	REAL	0	FALSE
0004	SP_MAX		设定的最大压力值	REAL	0	FALSE
0005	BPQ_JXA_STOP		甲酰胺变频器停止指令	BOOL	FALSE	FALSE

编程语言	程序
梯形图	GT 功能块: PT_JXA_AI=13 (甲酰胺泵出口压力) → IN0, SP_MAX=12 (设定的最大压力值) → IN1, EN OUT; TON_JXA (TON): T#1m → PT, IN Q, ET → Timer_JXA=T#1m0s0ms (计时过程); 甲酰胺变频器停止指令 BPQ_JXA_STOP=TRUE
结构化文本	OUT1:=PT_JXA_AI>SP_MAX; TON_JXA(IN:=OUT1,PT:=T#1m); BPQ_JXA_STOP:=TON_JXA.Q; Timer_JXA:=TON_JXA.ET; 　　OUT1=TRUE　PT_JXA_AI = 13　SP_MAX = 12　TON_JXA　OUT1=TRUE　BPQ_JXA_STOP = TRUE　TON_JXA.Q=TRUE　Timer_JXA=T#1m0s0ms　TON_JXA.ET = T#1m0s0ms
连续功能图	甲酰胺定时器 TON_JXA; GT: 甲酰胺泵出口压力 PT_JXA_AI=13 → IN0, 设定的最大压力值 SP_MAX=12 → IN1, OUT; TON: T#1m → PT, IN, Q, ET; BPQ_JXA_STOP=TRUE 甲酰胺变频器停止指令; Timer_JXA=T#1m0s0ms 计时过程

图 3.90　TON 指令场景应用

3.2.11.3　TOF——断电延时定时器

通电后,定时器输出端 Q 立即置 1,断电后,定时器开始计时, Q 端保持为 1,直到计时到设定的时间后,Q 端才断开,如图 3.91 所示。

输入端 IN 和输出端 Q 为 BOOL 型,PT 和 ET 为 TIME 类型。

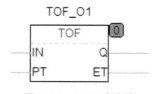

图 3.91　TOF 功能块

TOF 时序图如图 3.92 所示。

场景应用:当氨水变频器故障信号消失后,延时 3s,故障报警信号消失。该应用中,如果氨水变频器故障信号在消失后的 3s 内再次触发,则报警保持输出;如果不再触发,则系统认为故障完全恢复,相应的报警信号消失,如图 3.93 所示。

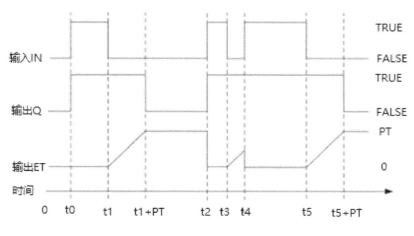

图 3.92　TOF 时序图

变量定义						
序号	变量名	直接地址	变量说明	变量类型	初始值	掉电保护
0001	FTW_AS_GZ		氨水变频器故障信号	BOOL	FALSE	FALSE
0002	FTW_AS_GZOUT		氨水变频器故障报警输出	BOOL	FALSE	FALSE
0003	TOF_01		延时断开定时器	TOF		FALSE
0004	Timer_AS		计时过程	TIME	T#0MS	FALSE

编程语言	程序
梯形图	延时断开定时器 TOF_01 / TOF 氨水变频器故障信号 FTW_AS_GZ=FALSE — IN Q — 氨水变频器故障报警输出 FTW_AS_GZOUT=TRUE T#3S — PT ET — Timer_AS=T#1s204ms 计时过程
结构化文本	TOF_01(IN:=FTW_AS_GZ,PT:=T#3S);　TOF_01　　　　　FTW_AS_GZ = FALSE FTW_AS_GZOUT:=TOF_01.Q;　　　FTW_AS_GZOUT = TRUE　TOF_01.Q = TRUE Timer_AS:=TOF_01.ET;　　　　　Timer_AS = T#484ms　　TOF_01.ET = T#484ms
连续功能图	延时断开定时器 TOF_01 / TOF [0] 氨水变频器故障信号 FTW_AS_GZ=FALSE — IN Q TRUE — FTW_AS_GZOUT=TRUE 氨水变频器故障报警输出 [1] T#3S — PT ET T#875ms — Timer_AS=T#875ms 计时过程 [2]

图 3.93　TOF 指令场景应用

3.2.11.4　TONR——保持型通电延时定时器

该功能块可以累计输入信号的接通时间。当 IN 变成 TRUE 时，ET 以 ms 计时直到 ET 等于 PT。如在延时时间内未达到设定时间值前 IN 变成 FALSE，则 ET 保持计时停止前的时间值，等到 IN 再次触发变成 TRUE 时，ET 继续计时，直到 ET 等于 PT，输出 Q 置位。RESET 为 TRUE,则复位所有的输出值和中间变量，结束定时，RESET 为 FALSE 时，允许执行延时定时功能，如图 3.94 所示。

输入端 IN、RESET 和输出端 Q 为 BOOL 型,PT 和 ET 为 TIME 类型。

TONR_01
TONR
0
IN
Q
PT
ET
Reset

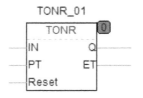

图 3.94　TONR 功能块

场景应用:对冲洗水阀的冲洗时间累计计时,当计时达到设定时间后结束冲洗。在该应用中,当冲洗水阀 VALVE 处于全开状态时,系统判断为在冲洗;当冲洗阀不在全开状态时,冲洗计时暂时停止并保持计时时间不变,若冲洗阀再次打开,则继续累计计时;当冲洗时间达到设定的 2 min 后,输出端 Q 为 TRUE 信号,冲洗阀关闭,结束冲洗,如图 3.95 所示。

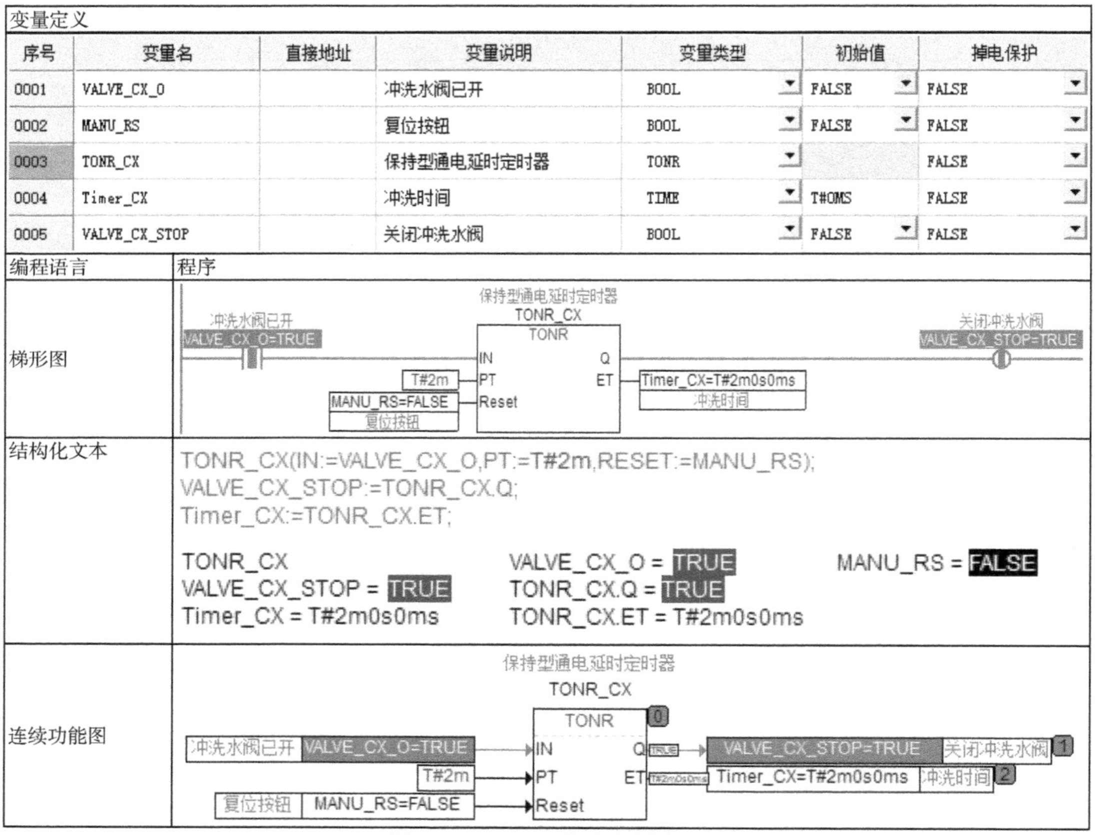

变量定义
序号 | 变量名 | 直接地址 | 变量说明 | 变量类型 | 初始值 | 掉电保护
0001 | VALVE_CX_O | | 冲洗水阀已开 | BOOL | FALSE | FALSE
0002 | MANU_RS | | 复位按钮 | BOOL | FALSE | FALSE
0003 | TONR_CX | | 保持型通电延时定时器 | TONR | | FALSE
0004 | Timer_CX | | 冲洗时间 | TIME | T#0MS | FALSE
0005 | VALVE_CX_STOP | | 关闭冲洗水阀 | BOOL | FALSE | FALSE
编程语言
程序
梯形图
保持型通电延时定时器
TONR_CX
TONR
冲洗水阀已开
VALVE_CX_O=TRUE
关闭冲洗水阀
VALVE_CX_STOP=TRUE
IN
Q
T#2m
PT
ET
Timer_CX=T#2m0s0ms
冲洗时间
MANU_RS=FALSE
复位按钮
Reset
结构化文本
TONR_CX(IN:=VALVE_CX_O,PT:=T#2m,RESET:=MANU_RS);
VALVE_CX_STOP:=TONR_CX.Q;
Timer_CX:=TONR_CX.ET;
TONR_CX
VALVE_CX_O = TRUE
MANU_RS = FALSE
VALVE_CX_STOP = TRUE
TONR_CX.Q = TRUE
Timer_CX = T#2m0s0ms
TONR_CX.ET = T#2m0s0ms
连续功能图
保持型通电延时定时器
TONR_CX
TONR
0
冲洗水阀已开
VALVE_CX_O=TRUE
IN
Q
VALVE_CX_STOP=TRUE
关闭冲洗水阀
1
T#2m
PT
ET
Timer_CX=T#2m0s0ms
冲洗时间
2
复位按钮
MANU_RS=FALSE
Reset

图 3.95　TONR 指令场景应用

3.2.12　PID 控制器指令

该指令为比例积分微分控制指令,其中 P 为比例调节, I 为积分调节, D 为微分调节。通过对现场输入的过程值与设定值的比较,对其进行 PID 调节控制,如图 3.96 所示。将调节的指令输出给现场设备,从而达到及时响应的目的,同时对输出值进行限幅,以保证输出在许可范围内操作,并对超限数值及时报警。该指令是以功能块方式实现的指令,使用时需要定义实例名称,先声明再使用。

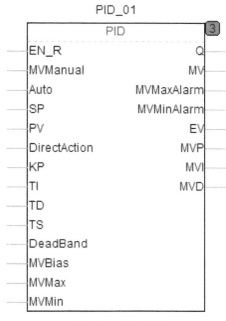

PID_01

图 3.96　PID 功能块

该功能块有两种工作方式:手动和自动。手动工作方式下,输出值 MV 等于手动输入值 MVManual,并且 SP 跟踪 PV;自动工作方式下,根据正反作用方式 DerectAction、设定值 SP、测量值 PV 和死区范围 DeadBand 计算偏差,进行 PID 自动调节,同时根据输出值 MV、输出上下限值以及偏差绝对值计算积分饱和系数。PID 控制器引脚参数见表 3.10。

表 3.10　PID 控制器引脚参数

参数	数据类型	功能描述	参数说明	默认值	掉电保护
EN_R	BOOL	使能	FALSE:无效 TRUE:上升沿设定、高电平有效	FALSE	TRUE
MVManual	REAL	手动输入值	—	0	TRUE
Auto	BOOL	"自动"模式选择	FALSE:手动 TRUE:自动	FALSE	TRUE
SP	REAL	设定值	—	0	TRUE
PV	REAL	过程值	—	0	FALSE
DirectAction	BOOL	"正作用"方式选择	FALSE:反作用(EV=SP−PV) TRUE:正作用(EV=PV−SP)	FALSE	TRUE
KP	REAL	比例增益	—	1	TRUE

（续）

参数	数据类型	功能描述	参数说明	默认值	掉电保护
TI	REAL	积分时间(s)	Ti>=0,如果积分时间为 0,表示没有积分环节	1	TRUE
TD	REAL	微分时间(s)	Td>=0,如果微分时间为 0,表示没有微分环节	0	TRUE
TS	REAL	运算周期(s)	Ts>0	0	TRUE
DeadBand	REAL	偏差死区限	偏差绝对值大于该值时有效,否则偏差为 0	0	TRUE
MVBias	REAL	前馈控制量	—	0.0	TRUE
MVMax	REAL	输出值上限	—	+100	TRUE
MVMin	REAL	输出值下限	—	-100	TRUE
Q	BOOL	使能状态标志	FALSE:无效 TRUE:上升沿设定、高电平有效	FALSE	TRUE
MV	REAL	控制量输出	—	0	TRUE
MVMaxAlarm	BOOL	输出值超上限报警	FALSE:未超上限 TRUE:已超上限	FALSE	TRUE
MVMinAlarm	BOOL	输出值超下限报警			
EV	REAL	设定值与过程值的偏差	若有死区,EV 则为经死区处理后的偏差值	0	FALSE

　　场景应用:通过调节灌装调节阀的开度大小实现对罐区到车间乙醇流量的自动调节。在该应用中,调节阀的输出下限为 0,输出上限为 100,分别对应阀门的工程量程下限和上限,阀门的作用方式为反作用。在自动工作方式下, PID 调节器根据给定的比例和积分参数对乙醇流量偏差进行 PI 调节,如图 3.97 所示。

变量定义						
序号	变量名	直接地址	变量说明	变量类型	初始值	掉电保护
0001	CV_FTW_YC_PID		灌装调节阀PID	PID ▼		FALSE ▼
0002	CV_FTW_YC1_SP		罐区到车间乙醇流量设定值	REAL ▼	0	FALSE ▼
0003	FT_FTW_YC1_AI		罐区到车间乙醇流量	REAL ▼	0	FALSE ▼
0004	CV_FTW_YC_CYCLE		PID运算周期	REAL ▼	0	FALSE ▼
0005	CV_FTW_YC_DEAD		PID偏差死区	REAL ▼	0	FALSE ▼
0006	CV_FTW_YC_OC1		调节阀阀位给定(SCADA)	REAL ▼	0	FALSE ▼
0007	CV_FTW_YC_PID1_AM		调节阀PID手自动状态	BOOL ▼	FALSE ▼	FALSE ▼
0008	CV_FTW_YC1_OUT		调节阀阀位输出	REAL ▼	0	FALSE ▼
编程语言	程序					

图 3.97　PID 控制器场景应用

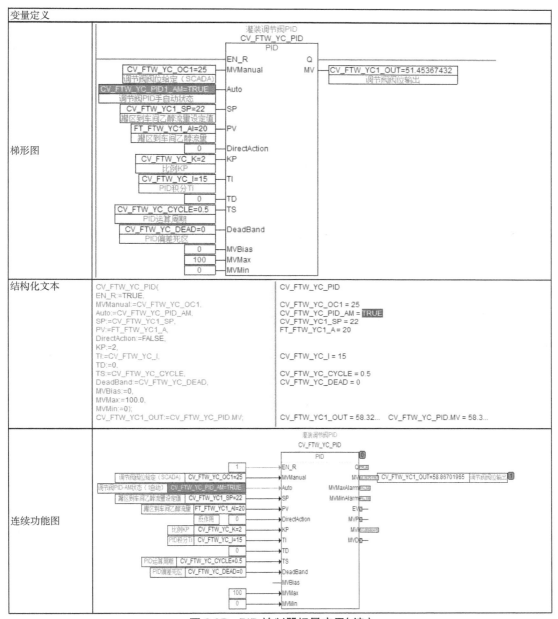

图 3.97　PID 控制器场景应用(续)

3.2.13　模拟量处理指令

模拟量处理指令可以分为整型限速 RAMP_INT、实型限速 RAMP_REAL、特征曲线 CHARCURVE、滞后 HYSTERESIS、上下限报警 LIMITALARM、16 进制数转换为工程量数据 HEX_ENGIN、工程量数据转换为 16 进制数据 ENGIN_HEX。各指令均以功能块方式实现,使用时需要定义实例名称,先声明再使用。

下面重点介绍实型限速 RAMP_REAL 和 16 进制数转换为工程量数据 HEX_ENGIN

两种指令。

3.2.13.1　RAMP_REAL——实型限速

RAMP_REAL 指令用于对实型输入变量的升降速度进行限制后再输出,如图 3.98 所示。输出端 OUT 是输入端 IN 经上升和下降限制整定后的函数值。当时间间隔 TimeBase 设置为 t#0s 时, Ascend 和 Descend 与时间间隔无关;当 TimeBase 设置为 t#0s 之外的值时, Ascend 和 DEScend 是在规定的时间间隔 TimeBase 内上升或下降的数量。

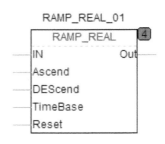

RAMP_REAL_01

图 3.98　RAMP_REAL 功能块

RAMP_REAL 功能块参数说明见表 3.11。

表 3.11　RAMP_REAL 功能块参数说明

参数	数据类型	功能描述	初始值	掉电保护
IN	REAL	被操作变量	0	FALSE
Ascend	REAL	时间间隔内最大上升值	0	TRUE
DEScend	REAL	时间间隔内最大下降值	0	TRUE
TimeBase	TIME	时间间隔	T#0S	TRUE
Reset	BOOL	重启信号	FALSE	TRUE
Out	REAL	经上升和下降限制后的值	0	TRUE

RAMP_REAL 指令也可以和 PID 功能块配合使用,对 PID 输出值限速后再输出。

场景应用:对灌装调节阀的 PID 输出值进行限速后再输出。该应用中,实时限速功能可以和 PID 调节搭配使用(可参考 3.2.12 章节)。为了防止 PID 输出值大幅度波动造成的调节扰动,可以按照给定的限幅对 PID 输出值进行限速后再输出,用于最终调节灌装调节阀开度,如图 3.99 所示。

变量定义						
序号	变量名	直接地址	变量说明	变量类型	初始值	掉电保护
0001	CV_FTW_YC1_OUT		调节阀阀位输出	REAL	0	FALSE
0002	CV_FTW_YC1_AO		调节阀阀位指令	REAL	0	FALSE
0003	RAMP_REAL1		实型限速	RAMP_REAL		FALSE
0004	CV_FTW_BT1_LIMT		输出限速	REAL	0	FALSE
编程语言	程序					

图 3.99　RAMP_REAL 指令场景应用

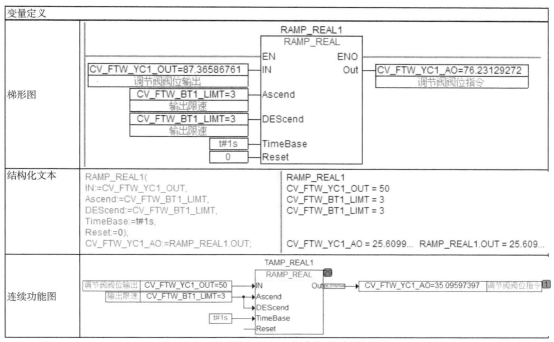

图 3.99　RAMP_REAL 指令场景应用(续)

3.2.13.2　HEX_ENGIN——16 进制数转换为工程量数据

该指令的作用是将普通 AI 模块测量的 16 位二进制数对应的现场信号转化为可供系统计算的工程量,即将输入的码值 WH 转换成对应的工程量 AV 值,如图 3.100 所示。该指令一般用于对模拟量输入数据的处理。

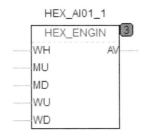

图 3.100　HEX_ENGIN 功能块

HEX_ENGIN 功能块参数说明见表 3.12。

表 3.12　HEX_ENGIN 功能块参数说明

参数	说明	数据类型	初始值	掉电保护
WH	输入码值	DINT	0	FALSE
MU	工程量上限值	REAL	0	TRUE
MD	工程量下限值	REAL	0	TRUE

（续）

参数	说明	数据类型	初始值	掉电保护
WU	PLC 的模拟量输入码值上限	DINT	0	TRUE
WD	PLC 的模拟量输入码值下限	DINT	0	TRUE
AV	转换后的工程量	REAL	0	FALSE

　　场景应用:将 AI 模块采集到的信号转换成系统需要的工程信号,用于显示在上层操作画面或被其他程序调用。该应用中,将输入的"罐区到车间甲醇流量"码值按照对应的量程上下限进行转换处理。输入数据为 AI01_01,工程量上限是 150 T/h,工程量下限是 0 T/h,对应模块码值范围为 0~65 535,如图 3.101 所示。

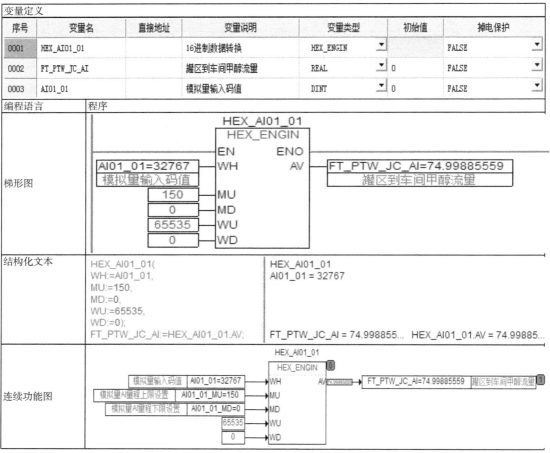

图 3.101　HEX_ENGIN 指令场景应用

3.3　通信指令及应用

　　和利时 PLC 提供多种类型通信指令,典型的通信指令有: CRC 校验计算 GENERATE_

CRC、设置串口通信参数 ComConfig、接收串口数据 ComRecv、发送串口数据 ComSend、接收 CAN 数据 CANRecv、发送 CAN 数据 CANSend、设置 CAN 参数 CANConfig、建立 TCP 通信连接 TCP_CONNECT、TCP 数据发送 TCP_SEND、TCP 数据接收 TCP_RECV、自由协议通信数据发送 COMM_SEND、自由协议通信数据接收 COMM_RECEIVE、建立 TCP 通信连接 TCP_CONNECT、Modbus RTU 主站通信 MODBUS_MASTER 等。

下面重点介绍自由协议通信数据发送 COMM_SEND、Modbus RTU 主站通信 MODBUS_MASTER 和 CRC 校验计算 GENERATE_CRC 指令。

3.3.1　COMM_SEND——自由协议通信数据发送

该指令提供串口自由协议通信数据发送端的参数配置和显示发送错误信息的用户接口，如图 3.102 所示。

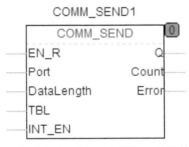

图 3.102　COMM_SEND 功能块

COMM_SEND 功能块参数说明可见表 3.13。

表 3.13　COMM_SEND 功能块参数说明

参数	数据类型	功能描述	参数说明	默认值
EN_R	BOOL	使能	0:无效 1:上升沿使能	0
Port	BYTE	通信口选择	LE 平台: 0:CPU 本体的圆形接口 1:CPU 本体端子通信口(14 点不支持) 2:扩展功能板通信口(14 点不支持) 3:第一个通信扩展模块通信口 4~N:第二个到第 N 个通信扩展模块通信口	0
DataLength	BYTE	发送字节数	发送的字节数,1~255 个字节	255
TBL	WORD	数据存放地址	指向 M 区数据存放的首字节地址,诸如 200,表示存放地址	0
INT_EN	BOOL	中断使能输入	0:发送完数据后不产生中断 1:发送完数据后产生中断 中断程序名称通过中断配置界面配置	0
Q	BOOL	发送完成标志	发送完输出 1,否则输出 0	0

（续）

参数	数据类型	功能描述	参数说明	默认值
Count	BYTE	实际发送的字节数	实际发送的字节数	0
Error	BYTE	错误信息	LE 平台： =0：正确 =1：通信口（Port）设置错误 =2：数据长度（DataLength）错 =3：数据存放地址（TBL）越界 =4：获取用户空间指针失败 =5：多个功能块同时使能一个通信口 =8：通信口占用（请检查该端口是否已用于其他协议方式或与 AT 通信）	0

场景应用：以 LE 系列 PLC 为例，通过 Port 参数将通信口设置为 CPU 本体端子通信口。当 EN_R 置位并保持时，将 %MW200 的连续 8 个字节顺序发送一次，如图 3.103 所示。

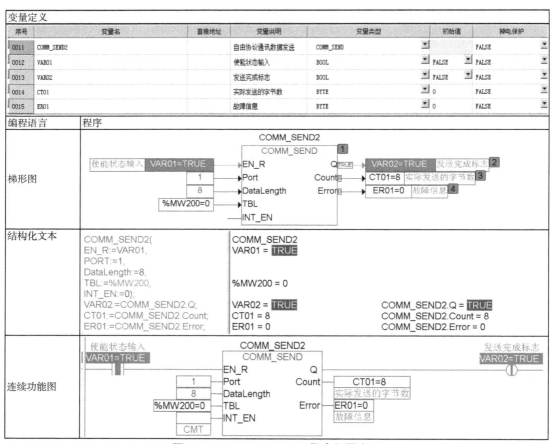

图 3.103　COMM_SEND 指令场景应用

3.3.2　MODBUS_MASTER——MODBUS_RTU 主站通信

该指令提供实现串口 Modbus 协议的主站数据读写操作的用户接口，如图 3.104 所示。

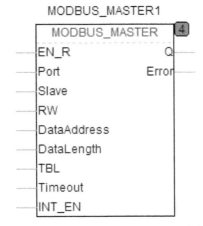

MODBUS_MASTER1

图 3.104　MODBUS_MASTER 功能块

MODBUS_MASTER 功能块参数说明见表 3.14。

表 3.14　MODBUS_MASTER 功能块参数说明

参数	数据类型	功能描述	参数值说明	默认值
EN_R	BOOL	使能	0：无效 1：上升沿使能	0
Port	BYTE	通信口选择	LE 平台： 0：CPU 本体的圆形接口 1：CPU 本体端子通信口（14 点不支持） 2：扩展功能板通信口（14 点不支持） 3：第一个通信扩展模块通信口 4~N：第二个到第 N 个通信扩展模块通信口	0
Slave	BYTE	从站地址	Modbus 从站地址，1~247	1
RW	BOOL	读 / 写选择	0：读取数据 1：写入数据为 %MB200 开始的一段空间	0
DataAddress	DWORD	从站存放 数据的地址	最高位： 0：开出　1：开入　3：模入　4：模出 低五位：Modbus 原始地址	1
DataLength	BYTE	数据长度	1~100，对于开入 / 开出为所需要传输的总比特数。 对于模入 / 模出为所要传输的总通道数	1

（续）

参数	数据类型	功能描述	参数值说明	默认值
TBL	WORD	主站存放数据的首字地址	指向 M 区数据存放的首字节地址。 如 200,表示存放地址为 %MW200 开始的一段空间。如果是读指令,读回的数据值存放到这个数据区,例如 3 号从站 3050 地址的数据为 1000,则 %MW200 存放 1000。如果是写指令,写出的数据值放到这个数据区,例如向 3 号从站的 3050 地址写入 500,则 %MW200 存放 500	0
Timeout	WORD	超时时间设置(ms)	从启动接收过程开始计算,在规定的时间内没有接收到正确的从站应答帧,中止接收过程。最小时间单位为 50 ms	0
INT_EN	BOOL	中断使能	0:禁止中断 1:中断使能	0
Q	BOOL	完成标志	接收完成后第一个扫描周期为 1	0
Error	BYTE	错误信息	Error=0:正确 Error =1:通信口(Port)设置错误 Error =2:超时时间(Timeout)设定过小 Error =3:站地址(Slave)错 Error=4:从站存放数据的地址(DataAddress)错 Error =5:数据长度(DataLength)错 Error =6:主站存放数据的地址(TBL)越界 Error =7:功能码错误 Error =8:获取用户空间指针失败 Error =9:超时 Error =10:CRC 校验错 Error =11:应答异常错 Error =12:通信口占用(请检查该端口是否已用于其他协议方式或与 AT 通信) Error =13:多个功能块同时使能一个通信口 Error =14:强制应答异常错	0

　　场景应用:以 LE 系列 PLC 为例,通过 BLINK 脉冲发生器制造方波脉冲,使 MODBUS RTU 主站功能块每 2 s 读取一次 1 号从站地址从 3050 开始的 3 路模拟量输出寄存器,并将得到的 6 个字节(每路模拟量占 2 个字节)放在 %MW300 开始的地址中,通信超时时间为 500 ms,如图 3.105 所示。

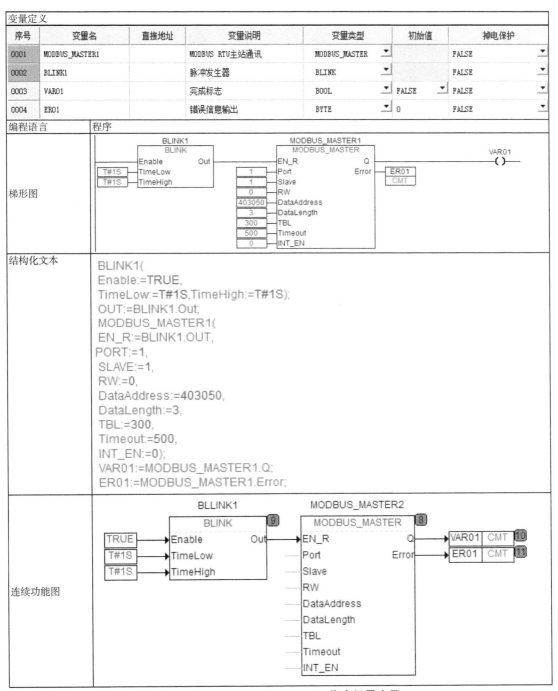

图 3.105　MODBUS_MASTER 指令场景应用

3.3.3　GENERATE_CRC——CRC 校验计算

该指令用于产生 16 位的 CRC 校验值,如图 3.106 所示。

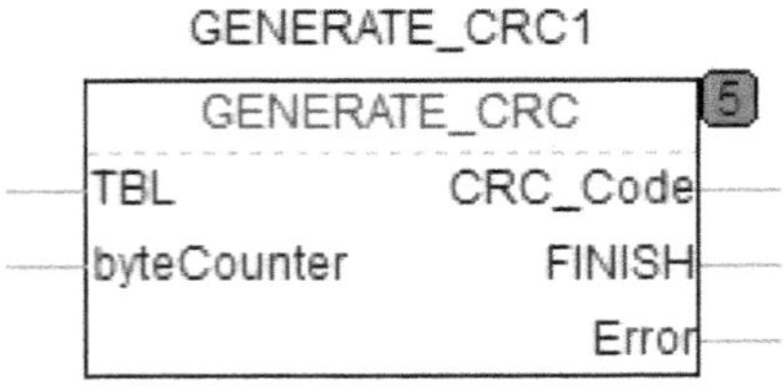

图 3.106 GENERATE_CRC 功能块

GENERATE_CRC 功能块参数说明见表 3.15。

表 3.15 GENERATE_CRC 功能块参数说明

参数	数据类型	功能描述	参数说明
TBL	WORD	需要校验数据的首字节地址	若设置为 200,则需要校验的数据保存在从 %MB200 开始的地址中
byteCounter	WORD	需要校验数据的字节数	0 为非法值
CRC_Code	WORD	校验结果	16 位
FINISH	BOOL	是否完成校验	0:未完成校验 1:完成校验
Error	BYTE	错误信息	0:正确 1:需要校验数据的字节数 byteCounter=0 2:需要校验的数据超出 M 区范围

场景应用:通过 CRC 校验计算指令,计算从 %MB200 开始的 6 个字节的 CRC 校验码,如图 3.107 所示。

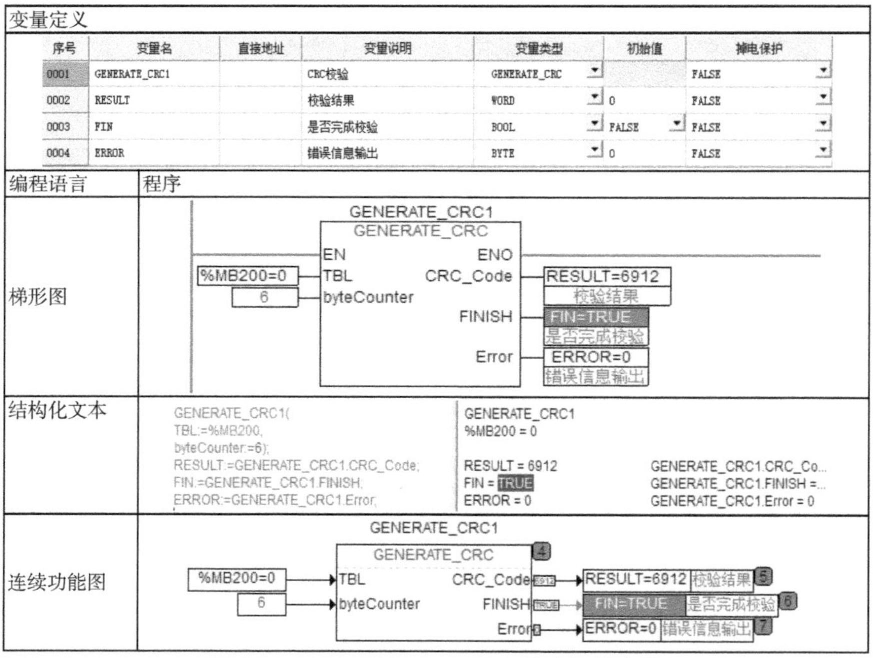

图 3.107 GENERATE_CRC 指令场景应用

【本章小结】

　　本章主要介绍了和利时 LK 系列 PLC 常见的指令系统。首先介绍了操作数中常见的常量、变量、地址以及常用的数据类型。其次,以典型场景应用的方式,分别通过梯形图 LD 语言、结构化文本 ST 语言和连续功能图 CFC 语言对基本指令及通信指令进行了详细的介绍。

第 4 章 和利时 LK 系列 PLC 网络结构及通信

4.1 LK 系列 PLC 结构体系

LK 产品目前分为 LK210 系列和 LK220 系列。其中，LK210 系列控制器模块安装在本地背板上，支持 Profibus-DP 主站协议，通过 Profibus-DP 总线与安装在本地背板或扩展背板上的普通 I/O 模块进行通信。LK220 系列选用的控制系统，如电源模块、CPU 模块、以太网模块、通信模块等核心器件均为相互独立的模块化设计，分别安装在主控背板上，可通过 Profibus-DP 总线、POWERLINK 总线与安装在本地背板或扩展背板上的普通 I/O 模块进行通信。

4.1.1 LK210 系列网络结构及配置

LK210 系列控制器模块支持冗余和单机两类模块。冗余控制器目前包括 LK210，单机控制器包括 LK202、LK205 和 LK207。

LK210 系列已成功应用于多个水务行业项目。

图 4.1 为北京某 50 万吨净水厂的系统架构。该净水厂的处理工艺包括泵房、格栅、脱水、臭氧、加药以及变配电室。用户对系统提出的需求如下。

（1）为保证系统有较高的可靠性与可用性，系统各分控站采用硬冗余系统架构。

（2）为适应水厂的潮湿环境，系统所有模块板卡均喷涂三防漆，具备高防护性。

（3）系统整体网络结构庞大复杂（采用两级环网结构），PLC 系统应具备很强的网络搭建能力。

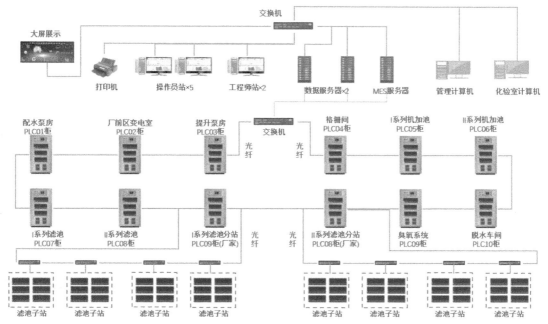

图 4.1 某净水厂的系统架构

综合考虑系统的各方面需求,选择 LK210 系列冗余及单机系统对项目的需求进行响应,全厂设 12 个分控和 48 个滤池分控盘。

系统配置中主分控站采用 LK210 冗余系统,其他控制盘及子分控采用的是 LK205 单机系统。项目整体采用了 67 套 PLC 系统,其中 LK210 冗余系统 11 套,LK205 单机系统 56 套。

4.1.2 LK220 系列网络结构及配置

LK220 系列多种型号的背板和通信模块提供了多槽位组合和扩展的连接方式,可配置成以下几种网络拓扑结构。

(1)Profibus-DP 总线网络,最大支持配置 124 个 I/O 从站。

(2)Modbus TCP 以太网,支持冗余,可通过控制器和 LK246 模块配置。向上连接 AT、HMI 和第三方上位软件。

(3)HolliTCP 网络,支持冗余。向下连接扩展 I/O 模块。

(4)POWERLINK 工业以太网,可通过 LK235 或 SP100-2FP4T-SFP 组成环网。支持单机架和冗余机架配置。

4.1.2.1 LK220 系列以太网络连接

控制器模块和 LK246 模块内置双路以太网接口,采用 RJ45 接口,传输介质为屏蔽双绞线。

双路以太网冗余工作,进行数据通信。其中,一路正常通信,另一路热备冗余状态,当通信故障时,自动切换到另一路。

以太网接口 1 默认为 128 网段,以太网接口 2 默认为 129 网段,网口默认 IP 详见表 4.1。考虑到网络的可靠性,128 网段和 129 网段应使用不同的交换机。

表 4.1　网口通信速率及默认 IP

以太网接口	通信速率	默认 IP
控制器网口	10/100 Mbps 自适应（LK220/LK222/LK224） 10/100/1 000 Mbps 自适应（LK220T1）	网口 1:128.0.0.250 网口 2:129.0.0.250
LK246 网口	10/100/1 000 Mbps 自适应	网口 1:128.0.X-1.250 网口 2:129.0.X-1.250 其中，X 为模块设备地址,控制器插槽设备地址默认为 1,控制器右侧槽位的设备地址依次加 1

以太网接口(Ethernet)可以将控制器模块连接到工业以太网中,基于 Modbus TCP 协议或其他协议与外部设备进行通信,为用户提供一个开放的分布式自动化网络平台。

通过以太网连接编程设备,可以进行组态、编程下载和固件升级;连接 HMI 设备可以对控制器模块进行远程实时监控和操作。LK 控制器模块的网络连接如图 4.2 所示。

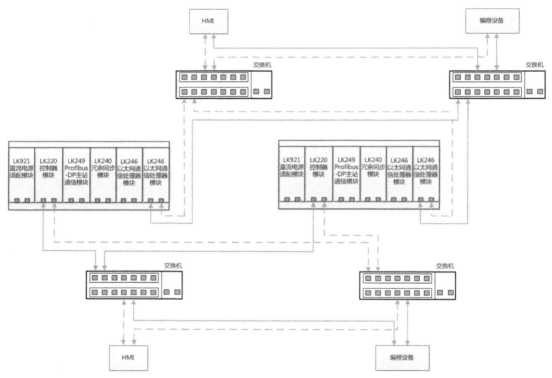

图 4.2　LK 控制器模块的网络连接

4.1.2.2　LK220 系列 Profibus–DP 网络连接

通过 LK249 模块的冗余 Profibus-DP 总线接口(DP1、DP2)可级联多个扩展背板用来增加 I/O 数目。采用两个 LKA104 模块从 LK249 模块的 DP 口连接到扩展背板对应的 DP

接口上,通信速率包括 187.5 kbps、500 kbps、1.5 Mbps、3 Mbps、6 Mbps,传输介质为 RS485 屏蔽双绞线电缆。

对于通过 Profibus-DP 扩展的 I/O,在配置 LK 系列 PLC 系统前需要仔细核算其节点容量以及估算所有 I/O 的总线扫描周期是否符合具体项目的需求。即使节点容量可行,也要核算总线扫描周期。

节点容量:Profibus-DP 网段上 I/O 从站最多为 124 个,节点地址为 2~125。1 为控制器模块地址,2~125 为 I/O 模块地址。

总线扫描周期:组态 DP 从站规模时,整个 DP 轮询周期不应超过 150 ms。

Profibus-DP 网络连接示意图如图 4.3 所示。

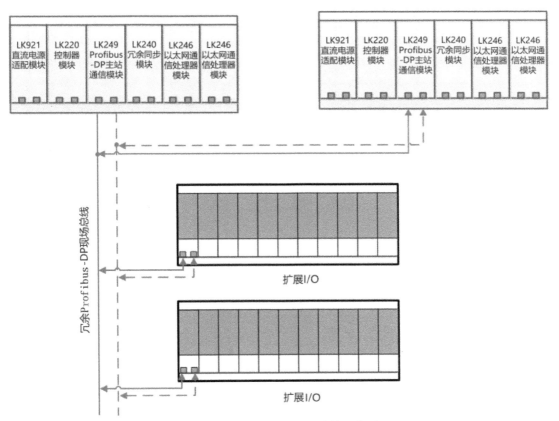

图 4.3 Profibus-DP 网络连接示意图

DP 轮询周期指轮询完所有从站的总时间。参考表 4.2,可大致估算出当前组态规模下的 DP 轮询周期(注:表中为单个从站轮询周期的参考值)。

表 4.2 单个从站的轮询周期

波特率	LK239 模块用时(ms,单个模块组态最大数据量)	非 LK239 模块用时(ms)
187.5 kbps	34	2.2
500 kbps 及以上	14	1

4.1.2.3 LK220 系列 POWERLINK 网络连接

LK 通过 POWERLINK 连接方式来扩展 I/O 机架时, LK241 与 LK235、SP100-2FP4T-SFP 交换机可以组成环网。使用 SP100-2FP4T-SFP 交换机组成环网时, 主环网链路中最多支持 32 个交换机, 每个交换机最多支持连接 4 个 LK235 POWERLINK 接口模块。使用 LK235 组成环网时, 最多可支持 40 个 LK235 POWERLINK 接口模块, 如图 4.4 所示。

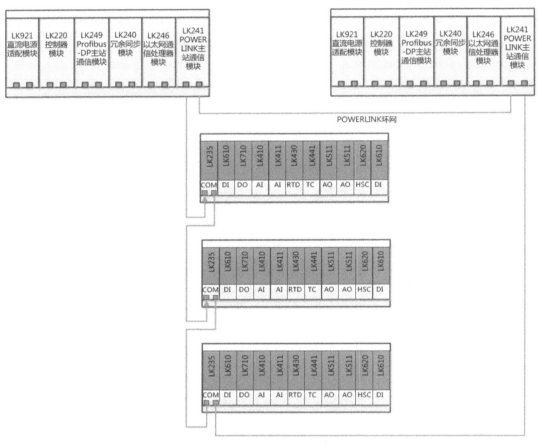

图 4.4　LK235 环网示意图

水利泵站监控系统的监控范围是泵站内的主要机电设备, 包括低压配电系统、水泵机组、前池水位、出水池水位、集水井水位信号及泵站流量等。水利泵站监控系统通过 SOE 模块实现事件记录功能, 保证在系统关键信号出现故障时, 能及时进行记录并帮助分析故障原因。

LK220 应用在某水库水利枢纽的项目配置清单见表 4.3。

表 4.3　项目配置清单

类型	序号	模块	型号	说明	数量
PLC 配置（双机冗余）	1	背板	LK133	7 槽主控背板模块,支持冗余电源模块安装,模块尺寸（W×H×D）387.7 mm×166 mm×44.3 mm	2
	2	电源转接模块	LK922	直流冗余电源模块,输入电压 19.5~60 VDC,支持电源故障监测,支持热插拔	4
	3	电源	HPW2410G	输入 85~264 VAC,输出 24 VDC@10 A	2
	4	供电盒	LKA102	LK220 电池供电盒模块	2
	5	CPU 模块	LK220	通用型控制器模块,主频 600 MHZ 双核处理器,位处理速度 15 ns,浮点数处理速度 25 ns,集成存储区 24 MB,集成 2 个冗余 RJ45 接口,支持 Modbus-TCP、HolliTCP 通信连接,支持 NTP 校时;可用于双机架冗余系统和单机系统架构	2
	6	冗余同步模块	LK240	冗余同步通信模块,集成 2 个 LC 型光纤通信接口,支持热插拔,安装于 CPU 机架	2
	7	千兆多模收发器	GACS-8512-02ID	千兆多模收发器	4
	8	同步光纤	LKA106	同步光纤,长度为 1 m	2
	9	POWERLINK 主站通信模块	LK241	POWERLINK 主站通信模块,集成 2 个以太网接口,支持 POWERLINK 主站协议,支持环网拓扑,支持热插拔,安装于 CPU 机架	2
	10	以太网模块	LK246	以太网通信处理器模块,集成 2 个 10/100/1 000 Mbps 冗余 RJ45 接口,支持 Modbus TCP 主从通信协议,共支持 16 个主从协议,主从各支持最大连接数为 64 个,支持热插拔,安装于 CPU 机架	4
	11	空槽模块	LK141	空槽模块	0
LK 系列远程 I/O（SOE:84,DI:160,DO:96,AI:16）（单套配置,共 1 套）	1	扩展背板	LK117	扩展背板,11 槽 11 槽（含 1 个通信槽和 10 个 I/O 槽）,DB9 接口	2
	2	扩展背板	LK118	扩展背板,5 槽 5 槽（含 1 个通信槽和 4 个 I/O 槽）,DB9 接口	0
	3	电源	HPW2410G	输入 85~264 VAC,输出 24 VDC@10 A	2
	4	冗余模块	HPWR01G	输入 22~60 VDC,20 A;输出 Vin-0.65 V,20 A;	1
	5	POWERLINK 接口模块	LK235	POWERLINK 转 DP 通信模块,用于 LK 控制器挂接 LK 系列扩展 I/O 模块。集成 2 个以太网接口,支持环网、星型拓扑,支持热插拔,安装于 I/O 机架	2
	6	串口通信接口模块	LK239	串口通信接口模块,集成 2 个 RJ45 串口通信接口（RS232/RS485 可选）,支持 Modbus RTU 主从通信协议、自由口协议,支持热插拔,安装于 I/O 机架或 LK210 系列 CPU 机架	0
	7	SOE 模块	LK631	14 通道 SOE 模块,24 VDC,漏型输入,支持系统 NTP 校时和模块 IRIG-B 码校时,事件分辨率 0.1 ms,SOE 精度 1 ms,事件缓存 3 072 条,支持热插拔,安装于 I/O 机架	6
	8	DI 模块	LK616	32 通道数字量输入模块	5
	9	DO 模块	LK716	32 通道数字量输出模块	3

（续）

类型	序号	模块	型号	说明	数量
LK 系列远程 I/O（SOE：84，DI：160，DO：96，AI：16）（单套配置、共 1 套）	10	AI 模块	LK411	8 通道模拟量输入模块，电流型，0~20 mA/4~20 mA	2
	11	模拟量输出模块	LK511	4 通道模拟量输出模块，电流型，通道间隔离，0~20 mA/4~20 mA	0
	12	RTD 模块	LK432	8 通道模拟量输入模块，PT100/200/500/1 000，Ni100/120/200/500，Cu10/50，通道间隔离，2/3/4 线制，预制线缆连接	0
	13	数字量模块预制电缆	LKX1030	数字量 I/O 模块连接电缆，一端 SCSI 连接器，一端 40 根带有颜色编码的飞线，3 m	8
	14	模块预制电缆	LKX1130	AIO 预制电缆，3 m，色环	0
	15	空模块	LKC131	空槽模块	4
	16	I/O 盖板	LKC171	端子盖板	20

4.2　LK 系列 PLC 冗余系统

和利时 LK 系列 PLC 具有单机架、双机架冗余等多种系统架构，使用方便灵活，具有高可靠性、高防护性，适应严苛的工业现场。

LK210 系列 PLC 为国内首款大型 PLC，支持单机架构双 CPU 冗余；LK220 系列 PLC 为国内首款双机架冗余 PLC。

4.2.1　LK 系列单机架冗余

LK210 控制器模块安装在双 CPU 本地背板上，支持双控制器冗余配置，两个控制器插在同一块本地背板上，以热备份方式运行，其中一个控制器为主机，另一个控制器为从机，如图 4.5 所示。

LK210 系列支持 Profibus-DP 主站协议和背板总线，通过 Profibus-DP 总线与本地背板和扩展背板上的 I/O 模块进行通信。

图 4.5　LK210 单机架冗余

4.2.2　LK 系列双机架冗余

和利时 LK220 系列冗余控制器的 CPU 为 32 位双核处理器，工业级芯片，处理速度

0.015 ms/K，自带内存为 24 MB（集成用于数据 8M，集成用于程序 16M）。其主控单元采用双背板冗余结构，分为 A 系和 B 系，是控制系统运算和控制的核心。每套控制单元包括主控背板、电源模块、控制器模块、通信模块，如图 4.6 所示。

该冗余控制系统中的电源模块、CPU 模块、以太网模块、通信模块、冗余同步模块等核心器件均为相互独立的模块化设计，且以 1∶1 冗余配置分别安装在两个独立的机架上，实现硬件冗余。当电源、CPU、以太网、冗余总线、冗余热备等核心模块中的任一部分工作异常时，主备系统均可实现无扰自动切换，保证主备系统切换时所有设备与模式不间断运行。主备系统切换时间不大于 100 ms，该切换时间是指 CPU、以太网、总线等所有核心器件全部完成切换的时间。

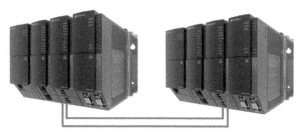

图 4.6 LK220 双机架冗余

4.2.3 冗余机制

和利时 LK220 系列 PLC 为硬件冗余，不需要通过软件编程实现。任一模块不能工作或被诊断故障，所有受控设备与模式能不间断、无扰动地自动切换运行，同时也可以通过监控软件和 PLC 系统的硬件按钮进行手动切换。无论采用何种切换方式，整个系统的切换都无扰动。

在确保冗余 PLC 完全正常地完成全部功能的情况下，主备 CPU 不会因为一般故障而进行切换。在以下情况发生时，如果从机工作正常，则进行主从切换。切换为无扰切换，不会影响控制过程输出。触发主从切换的条件如下。

（1）断电（其中一个 CPU 模块断电）。

（2）控制器发生主要故障（PCIE 链路故障、FPGA 故障）。

（3）插拔背板上的模块。

（4）背板上的任何模块故障。

（5）DP 主站模块通信链路故障（双 DP 链路断线故障、DP 模块 PCIE 链路断线故障、FPGA 故障）。

（6）双路以太网连接断开。

（7）在 AutoThink 中调用 sysMasterSwitchToSlave（主从切换）指令进行切换。

4.3　LK 系列 PLC 通信

　　LK 系列 PLC 通过配置不同型号的通信模块并采用相应通信协议分别可以实现 Modbus TCP 主从站通信、Modbus RTU 串口通信以及 Profibus-DP 通信。其中，Modbus TCP 以太网通信可通过控制器和 LK246 模块实现，支持冗余配置，向上可连接 AT、HMI 和第三方上位软件，向下可连接现场仪表等；Modbus RTU 串口通信可通过控制器和 LK239 串口通信模块实现，支持 RS232/RS485 接口，支持 Modbus RTU 主从站协议；Profibus-DP 通信可通过控制器和 LK249 主站通信模块实现，采用 Profibus-DP 协议，最大支持配置 124 个 I/O 从站。

4.3.1　Modbus TCP 通信配置

　　本案例介绍和利时 LK220 与和利时 LE5118 之间通过 Modbus TCP/IP 协议进行通信，如图 4.7 所示。

　　LK220 作为 Modbus TCP 主站，从 LE5118 读取从 %MW0 到 %MW18 共 10 个 WORD 类型寄存器的数据。

图 4.7　通信架构

4.3.1.1　组态 Modbus TCP 主站

　　（1）选中【ETHERNET】节点，单击鼠标右键，选择【添加协议】命令，如图 4.8（a）所示。图 4.8（b）所示为选择具体的协议类型。

　　（2）选择 ModbusTCP_MASTER 主站协议，单击"确定"按钮，添加协议完成，如图 4.8（c）所示。

　　（3）选中 ModbusTCP_MASTER 节点，单击鼠标右键，选择【打开】命令或双击节点，打开主站配置窗口，如图 4.9 所示，显示可配置的 Modbus TCP 主站协议参数，用户可修改参数值。

（4）LK220 作为 Modbus TCP 主站,默认主站 IP 是 129.0.0.250。

（a）

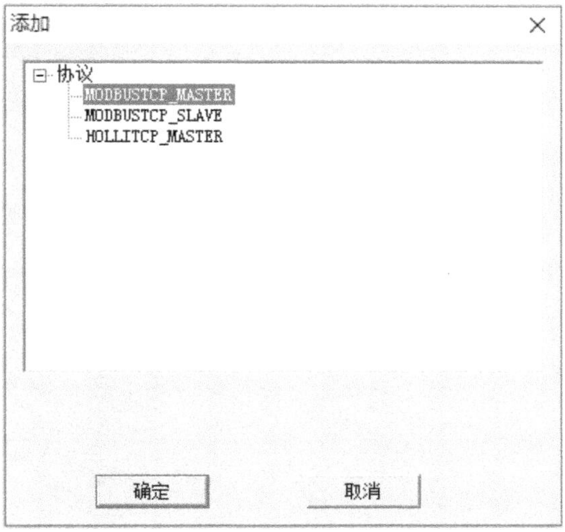

（b）

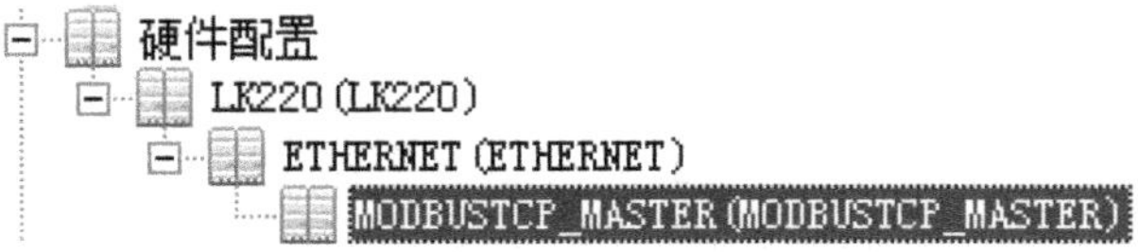

（c）

图 4.8　Mobus TCP 通信配置

（a）选择【添加协议】命令　（b）选择具体的协议类型　（c）选择主站协议

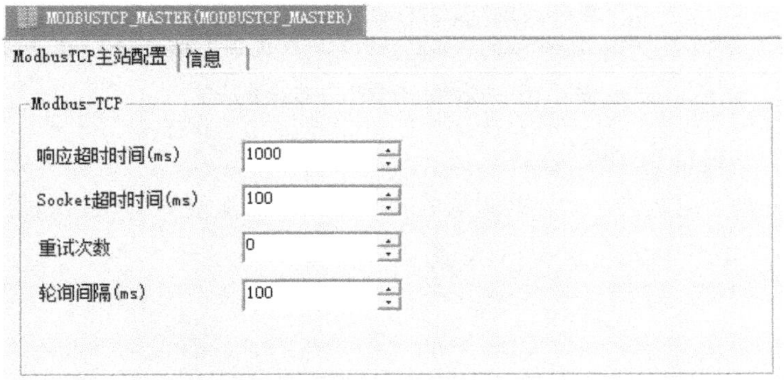

图 4.9　Modbus TCP 主站配置窗口

4.3.1.2　组态 Modbus TCP 从站

本案例中,LE5118 的 IP 地址为 129.0.0.118。

（1）选中 Modbus TCP MASTER 节点,单击鼠标右键,选择【添加设备】命令,进行从站的添加,如图 4.10 所示。

图 4.10　ModbusTCP 主站配置从站

配置从站的 IP 地址为 129.0.0.118。

（2）双击 ModbusSLAVE_TCP 节点或选中该节点,单击鼠标右键,选择【打开】命令,打开 ModbusSLAVE_TCP 从站配置窗口,如图 4.11 所示。

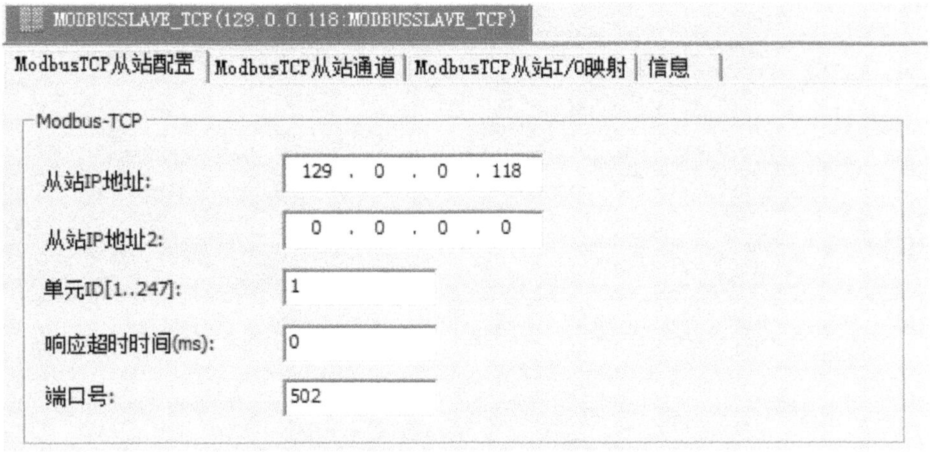

图 4.11　Modbus TCP 从站配置窗口

LE 系列 PLC 寄存器 M 区 Modbus 地址映射关系：%MWm，换算公式 m/2+3000+1。
Modbus 地址映射表见表 4.4。

表 4.4　Modbus 地址映射表

Modbus 地址	M 区寄存器
403 001	%MW0
403 002	%MW2
403 003	%MW4
403 004	%MW6
403 005	%MW8
403 006	%MW10
403 007	%MW12
403 008	%MW14
403 009	%MW16
403 010	%MW18

（3）在【ModbusTCP 从站通道】标签页中，可单击鼠标右键，选择【添加】命令，为从站添加相应指令，并设置参数，如图 4.12 所示。

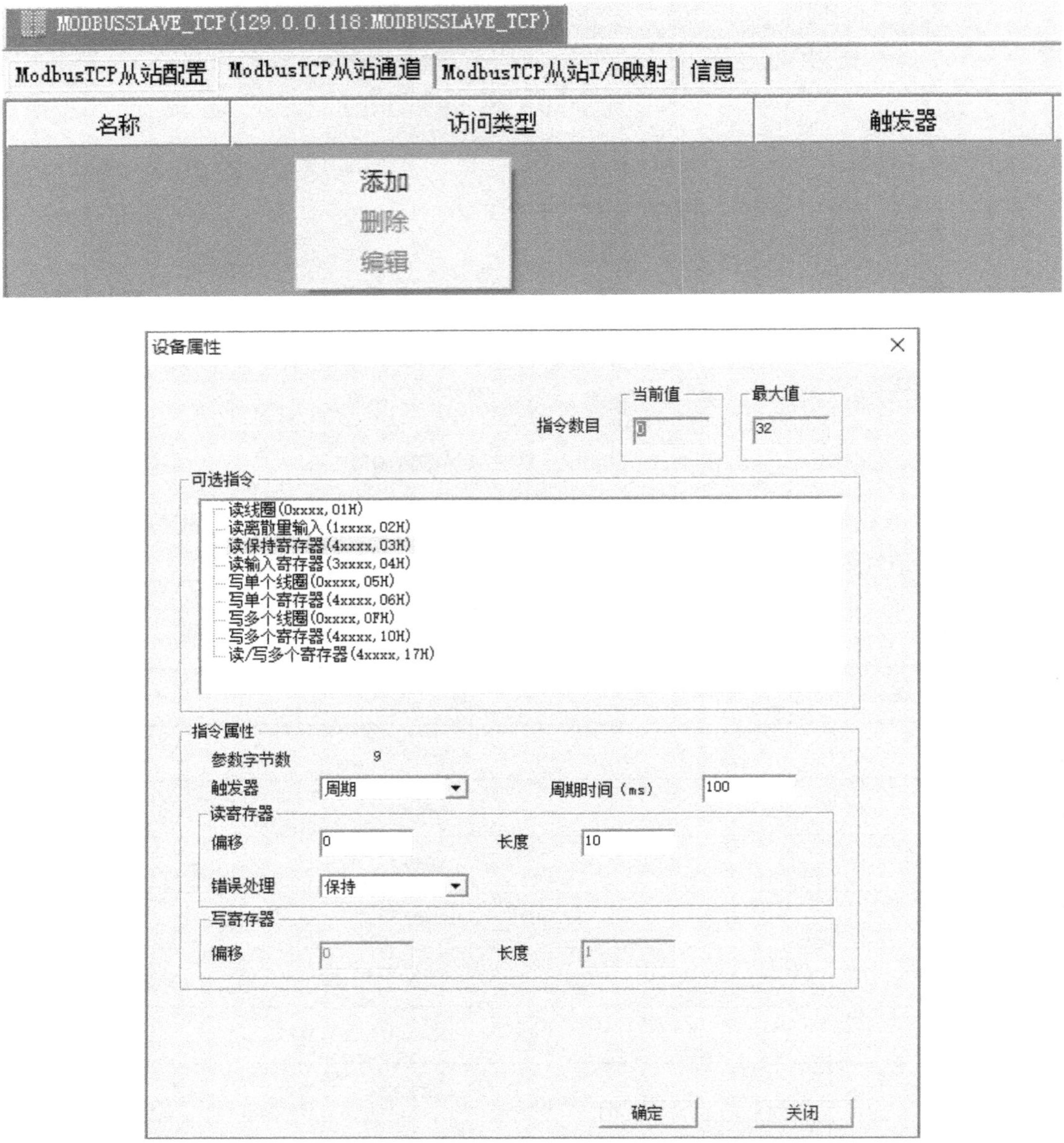

MODBUSSLAVE_TCP(129.0.0.118:MODBUSSLAVE_TCP)

| ModbusTCP从站配置 | ModbusTCP从站通道 | ModbusTCP从站I/O映射 | 信息 |

名称	访问类型	触发器

添加
删除
编辑

设备属性　　　　　　　　　　　　　　　　　　　　　×

　　　　　　　　　　　　　　　当前值　　　最大值

　　　　　　　　　指令数目　　　0　　　　　32

可选指令
　　读线圈(0xxxx, 01H)
　　读离散量输入(1xxxx, 02H)
　　读保持寄存器(4xxxx, 03H)
　　读输入寄存器(3xxxx, 04H)
　　写单个线圈(0xxxx, 05H)
　　写单个寄存器(4xxxx, 06H)
　　写多个线圈(0xxxx, 0FH)
　　写多个寄存器(4xxxx, 10H)
　　读/写多个寄存器(4xxxx, 17H)

指令属性
　　参数字节数　　　　9
　　触发器　　　周期　　　▼　　　　周期时间(ms)　　　100
　读寄存器
　　偏移　　　0　　　　　　长度　　　10
　　错误处理　　保持　　　▼
　写寄存器
　　偏移　　　0　　　　　　长度　　　1

确定　　　　　关闭

图 4.12　添加从站指令

　　在可选指令列表框中选择指令,指令属性列表框中会显示相关参数,可双击参数值进行设置。这里偏移为 3000,连续读取寄存器长度为 10,如图 4.13 所示。

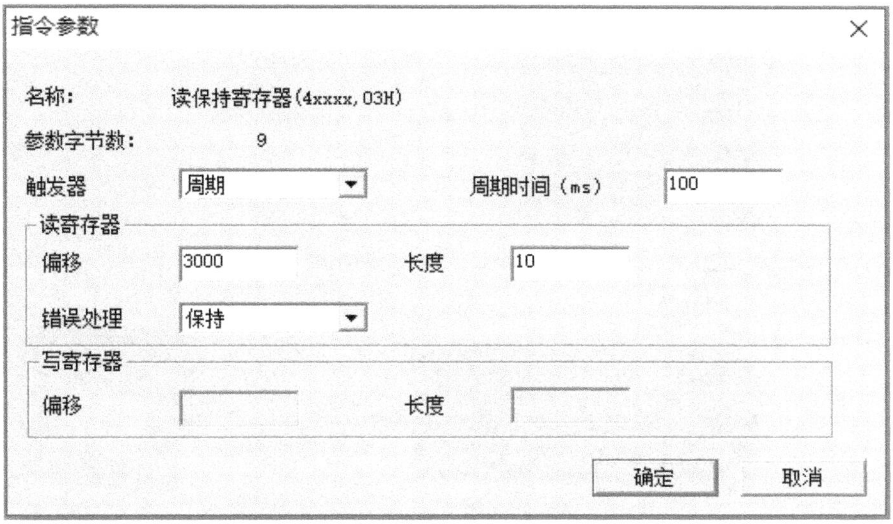

图 4.13　Modbus TCP 从站指令参数设置

配置指令后,在【ModbusTCP 从站 I/O 映射】标签页中会映射相应的 I/O 通道,如图 4.14 所示。

通道号	MODBUS地址	通道名称	通道类型	通道地址	通道说明
Channel 0					
1	403001	TCPIO_1_1_0_0_0_0_1	WORD	%IW0	读保持寄存器(4xxxx,03H)
2	403002	TCPIO_1_1_0_0_0_0_2	WORD	%IW2	读保持寄存器(4xxxx,03H)
3	403003	TCPIO_1_1_0_0_0_0_3	WORD	%IW4	读保持寄存器(4xxxx,03H)
4	403004	TCPIO_1_1_0_0_0_0_4	WORD	%IW6	读保持寄存器(4xxxx,03H)
5	403005	TCPIO_1_1_0_0_0_0_5	WORD	%IW8	读保持寄存器(4xxxx,03H)
6	403006	TCPIO_1_1_0_0_0_0_6	WORD	%IW10	读保持寄存器(4xxxx,03H)
7	403007	TCPIO_1_1_0_0_0_0_7	WORD	%IW12	读保持寄存器(4xxxx,03H)
8	403008	TCPIO_1_1_0_0_0_0_8	WORD	%IW14	读保持寄存器(4xxxx,03H)
9	403009	TCPIO_1_1_0_0_0_0_9	WORD	%IW16	读保持寄存器(4xxxx,03H)
10	403010	TCPIO_1_1_0_0_0_0_10	WORD	%IW18	读保持寄存器(4xxxx,03H)

图 4.14　Modbus TCP 从站 I/O 映射

4.3.2　Modbus RTU 通信配置

LK239 模块是 Modbus 主从通信扩展模块,实现外部 Modbus 站到 LK 控制器模块的数据通信。该模块可作 Modbus 主站,也可作 Modbus 从站,获取或下发 Modbus 数据,支持功能码 01、02、03、04、05、06、15、16。

LK239 模块的 Modbus 数据区的输入数据和输出数据的最大长度都为 244 字节。作为 Modbus 主站,最多支持的从站个数必须同时满足输入(输出)数据总长度各不超过 244 字节和从站数目不大于 28 这两个约束条件。

本案例介绍 LK239 与施耐德 PM5350 智能电表通过标准 Modbus RTU 协议通信,读取电表三相电流数据,其通信架构如图 4.15 所示。

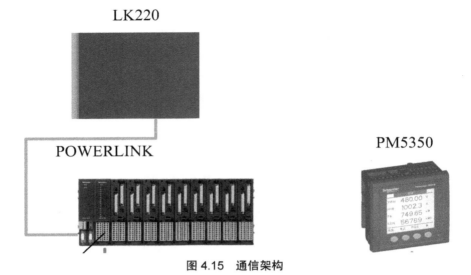

图 4.15　通信架构

（1）添加 LK239-MASTER 模块，如图 4.16 所示。

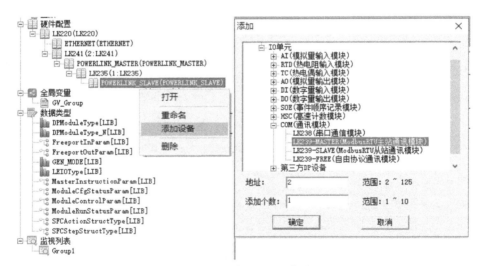

图 4.16　添加 LK239 主站

（2）配置 LK239 设备地址。

在 Profibus-DP 一侧，LK239 支持 Profibus-DP 从站协议，通信地址由背板号和所在槽位唯一确定。

本例中，LK239 安装在扩展机架的第 1 个 I/O 槽位，设置站地址为 2。

组态时，双击设备地址栏，在新地址中输入实际通信地址，单击"确定"按钮，如图 4.17所示。

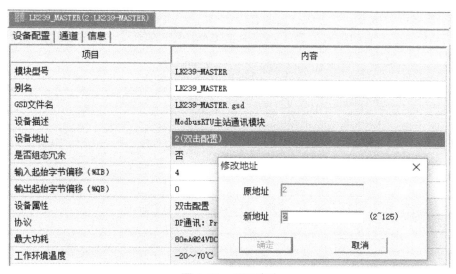

图 4.17　设置地址

LK239 所在背板基地址拨码设置要和 LK239 的设备地址一致。

（3）配置用户参数。LK239 作为 Modbus 主站时，需要设置用户参数。双击【双击配置】，打开设备属性对话框，如图 4.18 所示。

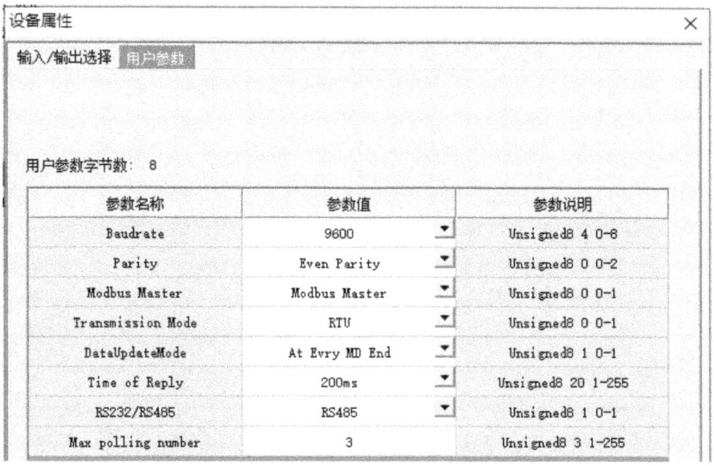

图 4.18　设置用户参数

本案例中通信参数配置说明如下：

波特率：9 600；

校验方式：偶校验；

通信协议：Modbus RTU；

通信接口：RS485；

延迟时间：200 ms。

（4）配置输入 / 输出参数。LK239 与 PM5350 智能电表之间的数据传输通过【输入 / 输出选择】标签页进行配置。

本案例中需要传输的参数见表 4.5，其中共 3 个数据，6 个字，寄存器首地址是 3000。

表 4.5　PM5350 寄存器表单

寄存器	参数名称	长度	数据类型	功能	单位
3000	A 相电流	2	FLOAT32	只读	A
3002	B 相电流	2	FLOAT32	只读	A
3004	C 相电流	2	FLOAT32	只读	A

双击【双击配置】，可打开输入 / 输出对话框，如图 4.19 所示。

图 4.19　Modbus 主站的输入 / 输出模块

LK239 作为主站时，Modbus 数据区一个模块表示 Modbus 支持的一种功能码，根据 Modbus 从站设备属性选择模块，其中 Status 和 Control 默认添加。此外，对于每一个 Modbus 从站，还要指定从站地址和数据起始地址。通过选择已添加的模块，单击"属性"按钮，打开"子模块属性"对话框进行参数设置。

本案例中 PM5350 智能电表的 Modbus 从站地址为 2，寄存器首地址为 3000，如图 4.20 所示。

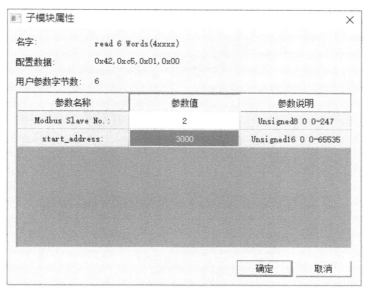

图 4.20　从站参数设置

4.3.3　DP 通信配置

LK249 为大型 PLC 的 DP 主站通信模块。模块有 2 个 DB9 通信接口,支持和利时 Profibus-DP 主站通信协议,最多可连接 124 个从站设备。

本案例介绍 LK249 与拓普电子 PD28M 系列电动机保护控制器通过 Profibus-DP 协议通信,其通信架构如图 4.21 所示。

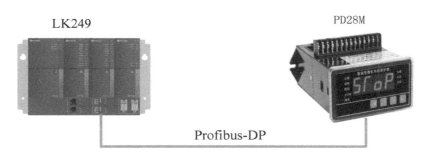

图 4.21　通信架构

(1)添加 DP 设备。通过【添加设备】命令,添加 DP 主站通信模块,如图 4.22 所示。

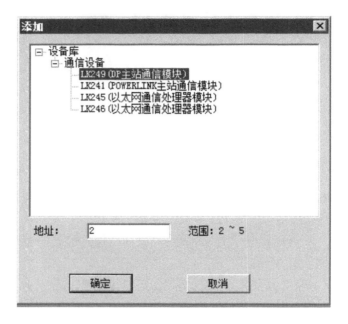

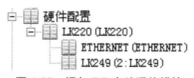

图 4.22　添加 DP 主站通信模块

（2）添加 Profibus-DP 协议。选中 LK249 模块，单击鼠标右键，选择【添加协议】命令，进行 DP 协议的添加，如图 4.23 所示。

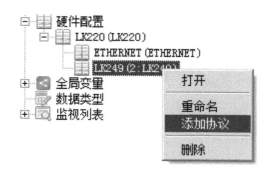

图 4.23　DP 协议添加

（3）设置端口和波特率。选择【打开】命令，或双击 DP_MASTER 节点，在右侧区域打开该模块的设备信息窗口，如图 4.24 所示。

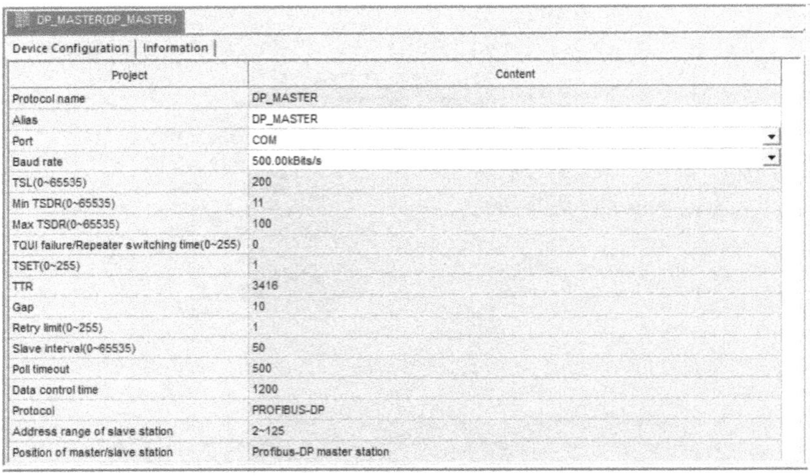

DP_MASTER(DP_MASTER)
Device Configuration
Information
Project
Content
Protocol name
DP_MASTER
Alias
DP_MASTER
Port
COM
Baud rate
500.00kBits/s
TSL(0~65535)
200
Min TSDR(0~65535)
11
Max TSDR(0~65535)
100
TQUI failure/Repeater switching time(0~255)
0
TSET(0~255)
1
TTR
3416
Gap
10
Retry limit(0~255)
1
Slave interval(0~65535)
50
Poll timeout
500
Data control time
1200
Protocol
PROFIBUS-DP
Address range of slave station
2~125
Position of master/slave station
Profibus-DP master station

图 4.24 端口和波特率设置

（4）导入设备描述文件。对于第三方设备，需要先导入 gsd 格式的设备描述文件，如图 4.25 所示。PD28M 的设备描述文件名称为 28M-2DP.GSD。

AutoThink - Untitled.hpf*
文件(F)
编辑(E)
工程(P)
工具(T)
在线(O)
窗口(W)
编译(B) F11
全编译(M)
导入变量(I)
导出变量(E)
导入POU(T)...
导出POU(X)...
导入硬件配置
导出硬件配置
导出变量表
导入示例工程
导入结构体类型
导出结构体类型
选项(O)...
导入设备描述文件...
查看调用树(F)
查看操作日志
查看交叉引用表
查看
权限设置(P)...
库自动更新...
Untitled
任务配置
程序块
功能块
函数
硬件配置
全局变量
数据类型

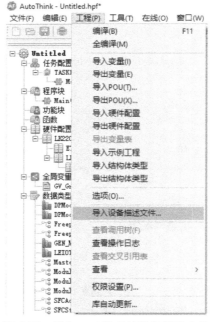

图 4.25 导入 gsd 格式的设备描述文件

（5）添加 DP 从站。选择【添加设备】命令，进行从站设备的添加，如图 4.26 所示。

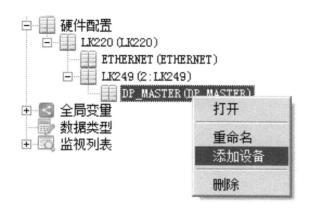

图 4.26　添加 DP 从站

（6）配置模块参数。选中从站模块，单击鼠标右键，选择【打开】命令或双击从站模块，打开模块设备信息窗口，如图 4.27 所示。

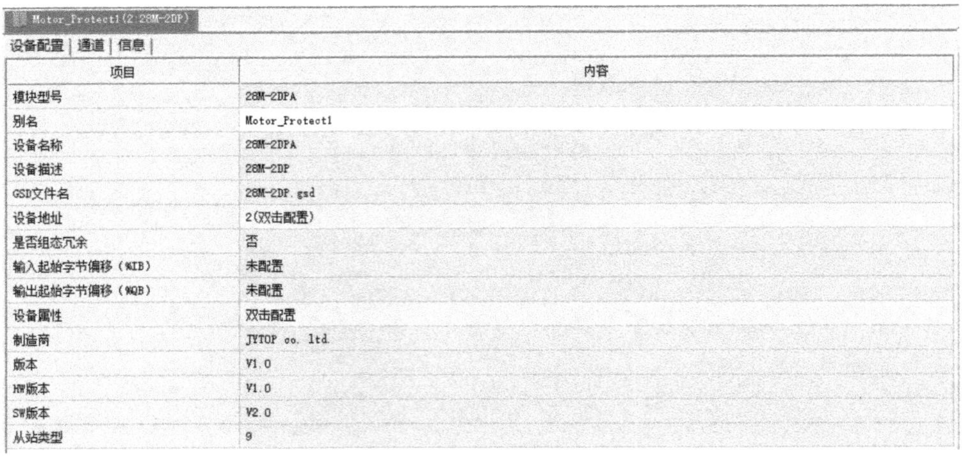

项目	内容
模块型号	28M-2DPA
别名	Motor_Protect1
设备名称	28M-2DPA
设备描述	28M-2DP
GSD文件名	28M-2DP.gsd
设备地址	2(双击配置)
是否组态冗余	否
输入起始字节偏移（%IB）	未配置
输出起始字节偏移（%QB）	未配置
设备属性	双击配置
制造商	JYTOP co. ltd.
版本	V1.0
HW版本	V1.0
SW版本	V2.0
从站类型	9

图 4.27　模块设备信息窗口

双击设备地址栏可以修改从站地址。双击设备属性栏可进行从站参数设置。

（7）输入 / 输出选择。配置电动机保护控制器需要监测的输入 / 输出数据，如图 4.28 所示。

图 4.28　配置输入 / 输出

（8）查看通道参数。选中【已添加模块】节点下的模块，单击通道,可查看或修改已配置的参数,如图 4.29 所示。

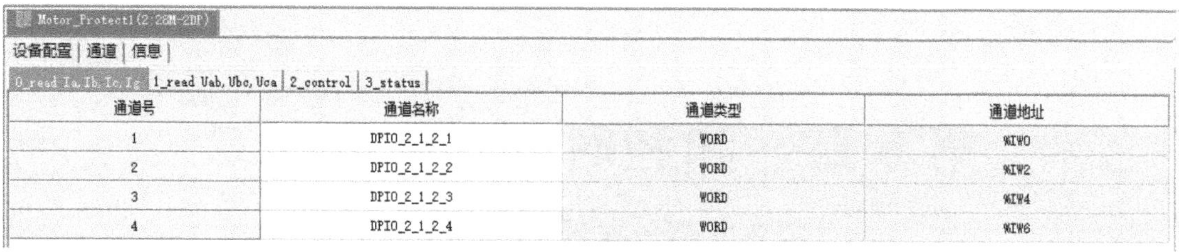

Motor_Protect1(2:2EM-2DP)

设备配置 | 通道 | 信息

0_read Ia, Ib, Ic, Ig | 1_read Uab, Ubc, Uca | 2_control | 3_status

通道号	通道名称	通道类型	通道地址
1	DPIO_2_1_2_1	WORD	%IW0
2	DPIO_2_1_2_2	WORD	%IW2
3	DPIO_2_1_2_3	WORD	%IW4
4	DPIO_2_1_2_4	WORD	%IW6

图 4.29　配置子模块

【本章小结】

本章主要介绍了 LK 系列 PLC 的网络结构及通信。首先介绍了 LK210 系列和 LK220 系列的网络结构。其次介绍了 LK 系列单机架冗余和双机架冗余方式。最后重点对 LK 系列 PLC 的 Modbus TCP 通信、Modbus RTU 通信以及 DP 通信的配置方法进行了介绍。

第 5 章 和利时 LK 系列 PLC 控制系统案例应用

在掌握了 PLC 的工作原理、硬件系统及基本组态、指令系统、网络结构以后,就可以针对具体的控制方案选择相应型号的控制器构成 PLC 控制系统了。

本章从工程应用角度出发,通过 3 个典型案例介绍,结合具体工艺,全面讲解和利时 LK 系列 PLC 控制系统的硬件选型配置及软件设计的方法。其中,案例一是在第三章指令系统中常见指令场景应用的基础上结合具体工艺进行综合应用;案例二是针对同一设备不同控制方式的具体应用;案例三是触摸屏与 PLC 之间通信在可燃气体检测报警及强制排风系统中的具体应用。

5.1 甲醇灌装系统 PLC 控制

5.1.1 控制要求

1. 工艺概述

甲醇灌装系统主要由存储罐、灌装电磁阀,灌装泵、变频器等组成。其中灌装电磁阀用于控制管道内介质的通断,灌装变频器用于配合甲醇灌装泵调节管道出口压力。图 5.1 所示为甲醇灌装工艺流程。

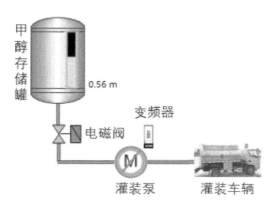

图 5.1 甲醇灌装工艺流程

2. 控制要求说明

（1）甲醇灌装电磁阀为单电控电磁阀,得电打开,失电关闭。当电磁阀手动开按钮按下或者灌装变频器启动命令下发时,该电磁阀得电打开;当电磁阀手动开按钮复位、灌装变频器运行信号消失、手动停止灌装变频器中任何一个信号来时,该电磁阀失电关闭。

（2）当甲醇灌装电磁阀在远方状态,并且启停指令和反馈状态不一致时,延时 5 s,发故障信号。当故障复位按钮按下时,故障恢复。

（3）甲醇灌装变频器为双电控控制,当变频器启动按钮按下时,按照设定的脉冲时间启动变频器;当变频器停止按钮按下时或者在甲醇灌装泵出口压力值大于最大压力值并延时一定时间后(该时间可在线调节),停止灌装变频器。

5.1.2　I/O 信号及 I/O 编址

根据甲醇灌装系统的控制要求可知,该系统包括模拟量输入信号 1 个、开关量输入信号 5 个、开关量输出信号 3 个。甲醇灌装系统 I/O 地址分配表见表 5.1。

表 5.1　甲醇灌装系统 I/O 地址分配表

位号	位号说明	数据类型	位号类型	位号通道地址
AI01_01	甲醇灌装泵出口压力	REAL	AI	%IW0
DI01_01	甲醇灌装电磁阀远控状态	BOOL	DI	%IX20.0
DI01_02	甲醇灌装电磁阀已开状态	BOOL	DI	%IX20.1
DI01_03	甲醇灌装变频器远控状态	BOOL	DI	%IX20.2
DI01_04	甲醇灌装变频器运行状态	BOOL	DI	%IX20.3
DI01_05	甲醇灌装变频器停止状态	BOOL	DI	%IX20.4
DO01_01	甲醇灌装电磁阀开指令	BOOL	DO	%QX8.0
DO01_02	甲醇灌装变频器启动指令	BOOL	DO	%QX8.1
DO01_03	甲醇灌装变频器停止指令	BOOL	DO	%QX8.2

5.1.3　控制程序设计

1. 创建工程

新建工程 Project_01,选择目标平台为 LK CPU,并为新工程选择 LK220 系列 CPU。图 5.2(a)为新建工程,图 5.2(b)为添加 CPU,图 5.2(c)为创建好的工程。

（a）

（b）

（c）

图 5.2　创建工程

（a）新建工程　（b）添加 CPU　（c）创建好的工程

2. 组态配置

（1）添加通信模块。根据实际硬件和工艺要求，选择 Profibus_DP 网络进行配置。鼠标右键点单击"LK220 控制器"，选择"添加设备"，在弹出的窗口选择"LK249（DP 主站通信模块）"，如图 5.3 所示。

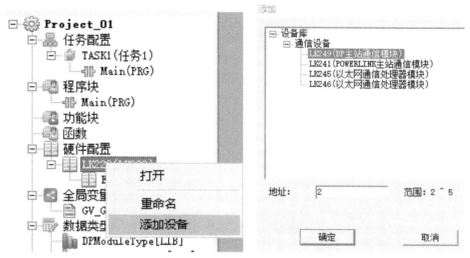

图 5.3　添加 LK249 模块

（2）添加 DP 主站通信协议。鼠标右键单击 LK249 模块，选择"添加协议"，在弹出的窗口选择"DP_MASTER"，如图 5.4 所示。

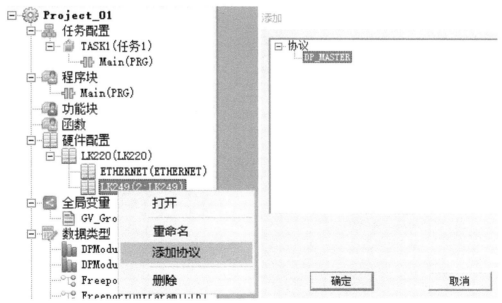

图 5.4　添加 DP 主站通信协议

（3）添加 DP 从站。鼠标右键单击 DP_MASTER，选择"添加设备"，按照 I/O 地址分配表（表 5.1）的要求，在弹出的设备库中依次添加 LK610、LK710 和 LK411 模块各 1 个，地址分别设置为 2、3 和 4，如图 5.5 所示。

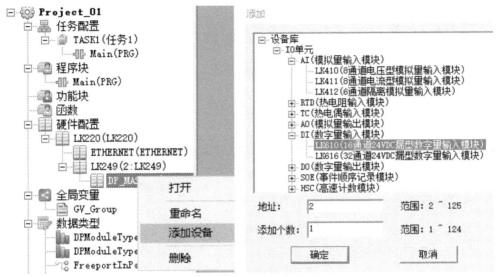

图 5.5　添加 DP 从站

（4）测点组态。分别双击 LK610 模块、LK710 模块和 LK411 模块，按照测点清单的要求对模块相应通道进行组态，如图 5.6、图 5.7 和图 5.8 所示。

通道号	通道名称	通道类型	通道地址	通道说明
1	DIO1_01	BOOL	%IX20.0	甲醇灌装电磁阀远控状态
2	DIO1_02	BOOL	%IX20.1	甲醇灌装电磁阀已开状态
3	DIO1_03	BOOL	%IX20.2	甲醇灌装变频器远控状态
4	DIO1_04	BOOL	%IX20.3	甲醇灌装变频器运行状态
5	DIO1_05	BOOL	%IX20.4	甲醇灌装变频器停止状态
6	DIO1_06	BOOL	%IX20.5	
7	DIO1_07	BOOL	%IX20.6	
8	DIO1_08	BOOL	%IX20.7	
9	DIO1_09	BOOL	%IX21.0	

图 5.6　LK610 模块组态

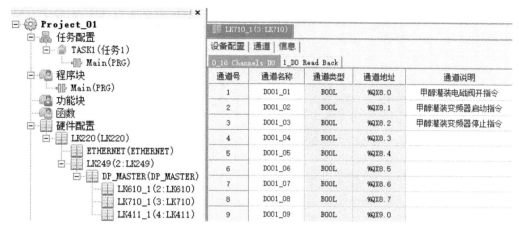

图 5.7　LK710 模块组态

图 5.8　LK411 模块组态

3. 梯形图设计

（1）添加程序。添加名称为 LD_JC 的程序,编程语言根据需要可选择梯形图 LD,如图 5.9 所示。

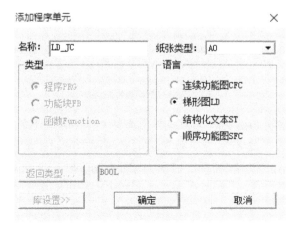

图 5.9　添加程序

（2）调用程序。打开主程序"Main（PRG）.ld"界面,将程序块"LD_JC"拖拽至主程序中进行调用,如图 5.10 所示。

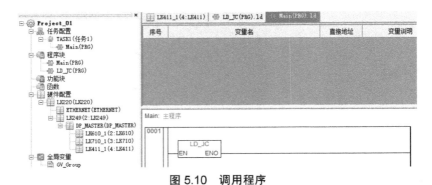

图 5.10　调用程序

（3）定义中间变量。根据控制要求定义相关变量,如图 5.11 所示。

序号	变量名	直接地址	变量说明	变量类型	初始值	掉电保护	SOE使能
0001	R_TRIGO1		上升沿触发器	R_TRIG		FALSE	
0002	TP_01		TP定时器	TP		FALSE	
0003	MD_GZ_JCDCF_SDQ		甲醇灌装电磁阀手动开	BOOL	FALSE	FALSE	
0004	MD_GZ_JC_SQ		甲醇灌装变频器手动启动	BOOL	FALSE	FALSE	
0005	RS_01		RS触发器	RS		FALSE	
0006	CV_GZ_JCDCF_CL		甲醇灌装电磁阀关	BOOL	FALSE	FALSE	
0007	F_TRIGO1		下降沿触发器	F_TRIG		FALSE	
0008	TP_02		TP定时器	TP		FALSE	
0009	MD_GZ_JC_YX		甲醇灌装变频器运行信号	BOOL	FALSE	FALSE	
0010	MD_GZ_JC_ST		甲醇灌装变频器手动停止	BOOL	FALSE	FALSE	
0011	T1		计时时间	TIME	T#0MS	FALSE	
0012	TON1		延时接通计时器	TON		FALSE	
0013	RS_02		RS触发器	RS		FALSE	
0014	GZ_Q		指令与反馈不一致时故...	BOOL	FALSE	FALSE	
0015	GZ_FW		故障复位	BOOL	FALSE	FALSE	
0016	T2		计时时间	TIME	T#0MS	FALSE	
0017	GZ		故障	BOOL	FALSE	FALSE	
0018	T3		计时时间	TIME	T#0MS	FALSE	
0019	TP_03		TP计时器	TP		FALSE	
0020	PT_GZ_JC_AI		甲醇灌装泵出口压力	REAL	0	FALSE	
0021	PT_GZ_JC_AI_MAX		设定的最大压力（MPa）	WORD	0	FALSE	
0022	TON2		延时接通计时器	TON		FALSE	
0023	PT_GZ_JC_AI_TIME		压力大延时时间设定	REAL	0	FALSE	
0024	T4		计时时间	TIME	T#0MS	FALSE	
0025	T5		计时时间	TIME	T#0MS	FALSE	
0026	TP_04		TP计时器	TP		FALSE	

图 5.11　定义中间变量

（4）编写程序,并在线调试运行。根据控制要求,甲醇灌装电磁阀为单电控方式控制,得电打开,失电关闭。图 5.12 所示为甲醇灌装电磁阀梯形图。甲醇灌装变频器为双电控方式控制,可手动启停,也可通过灌装泵出口压力联锁停止,图 5.13 所示为甲醇灌装变频器梯形图。

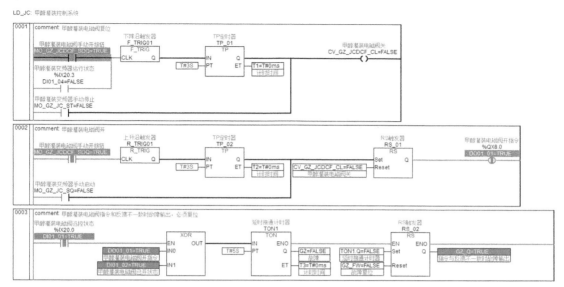

图 5.12　甲醇灌装电磁阀梯形图

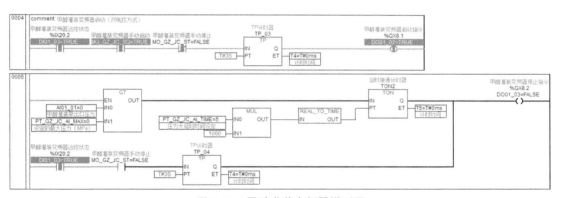

图 5.13　甲醇灌装变频器梯形图

5.2　供水系统粗格栅的 PLC 自动控制

5.2.1　控制要求

1. 工艺概述

格栅处理是城市水处理流程中的第一个预处理系统,分为粗格栅处理和细格栅处理。二者的控制原理相同。该设备的具体作用是截留水中大块物质,保护水泵和设备。图 5.14 所示为粗格栅与提升泵房工艺流程。

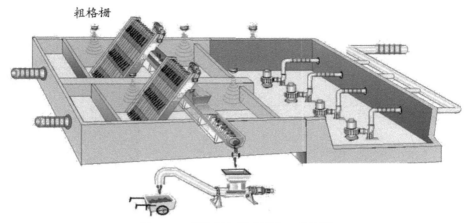

图 5.14　粗格栅与提升泵房工艺流程

2. 控制要求说明

粗格栅控制分为时序控制和液位差控制。可根据工艺需要选择对应的控制方式。控制逻辑框图如图 5.15 所示。

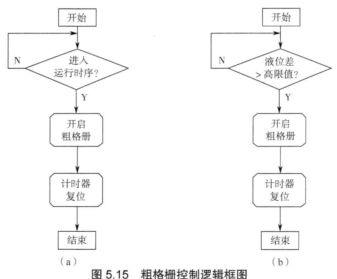

（a）　　　　　　　　　　　　　　（b）

图 5.15　粗格栅控制逻辑框图

（a）时序控制　（b）液位差控制

（1）时序控制。格栅机的操作是根据时间间隔及持续时间的定时法来控制的,时间间隔及持续时间由 PLC 设定,操作人员可调整。处于该控制方式下,当格栅机停运时间达到设定的间隔时间后,发 3 s 脉冲信号启动格栅机,开始清污。当格栅机运行时间达到设定的持续时间后,再发 3 s 脉冲信号停止格栅机。以此类推,循环运行。其中,空闲时间和运行时间均可以进行显示。

（2）液位差控制。格栅前、后设超声波液位值,根据设定的液位差判断格栅是否堵塞。

若堵塞,液位差 ΔH 增大,则除污机开始连续工作,直至液位差 ΔH 小到满足要求后,恢复正常的除污机操作。

5.2.2　I/O 信号及 I/O 编址

根据粗格栅的控制要求可知,该系统输入信号共 3 个:粗格栅运行状态反馈、粗格栅前液位、粗格栅后液位。系统输出信号共 2 个:粗格栅启动指令和停止指令。粗格栅自动控制系统 I/O 地址分配表见表 5.2。

表 5.2　粗格栅自动控制系统 I/O 地址分配表

位号	位号说明	数据类型	位号类型	位号通道地址
DI_0	粗格栅运行状态反馈	BOOL	DI	%IX20.0
AI_1	粗格栅前液位输入	WORD	AI	%IW4
AI_2	粗格栅后液位输入	WORD	AI	%IW6
Q0_0	粗格栅启动指令	BOOL	DO	%QX0.0
Q0_1	粗格栅停止指令	BOOL	DO	%QX0.1

5.2.3　控制程序设计

1. 创建工程

新建工程 Project_02,选择目标平台为 LK CPU,并为新建工程选择 LK220 系列 CPU。图 5.16(a)为新建工程,图 5.16(b)为添加 CPU,图 5.16(c)为已创建的工程。

2. 组态配置

(1)添加通信协议。根据实际硬件和工艺要求,可选择 HolliTCP 网络进行配置。该网络通过主控制器模块内置以太网口进行通信,因此只需添加对应的通信协议。鼠标右键点击 "ETHERNET",选择 "添加协议",在弹出的窗口选择 "HOLLITCP_MASTER" 通信协议,如图 5.17 所示。

(2)添加扩展模块。鼠标右键点击 "HOLLITCP_MASTER",选择 "添加设备",在弹出的窗口选择 "LK234(以太网接口扩展模块)",添加个数为 1 个,如图 5.18 所示。

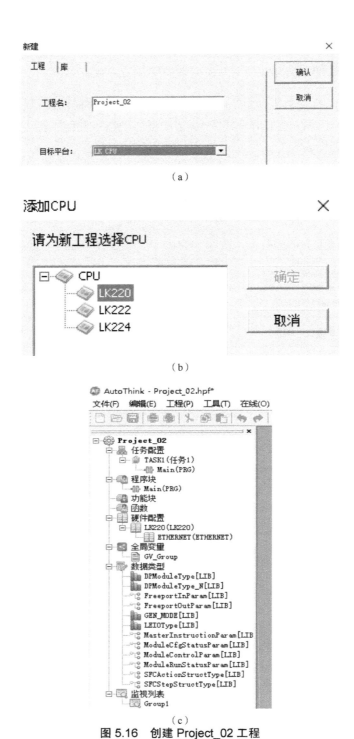

图 5.16　创建 Project_02 工程

（a）新建工程　（b）添加 CPU　（c）已创建的工程

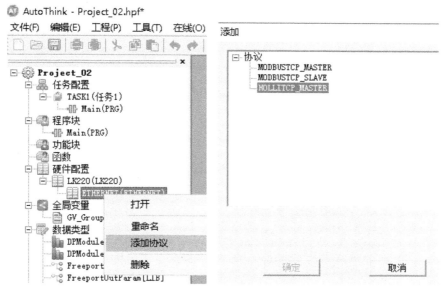

图 5.17　添加通信协议

图 5.18　添加扩展模块

（3）添加从站。鼠标右键点击"LK234"，选择"添加设备"，按照 I/O 地址分配表的要求（表 5.2），依次添加 LK610、LK411 和 LK710 模块各 1 个，地址默认，如图 5.19 所示。

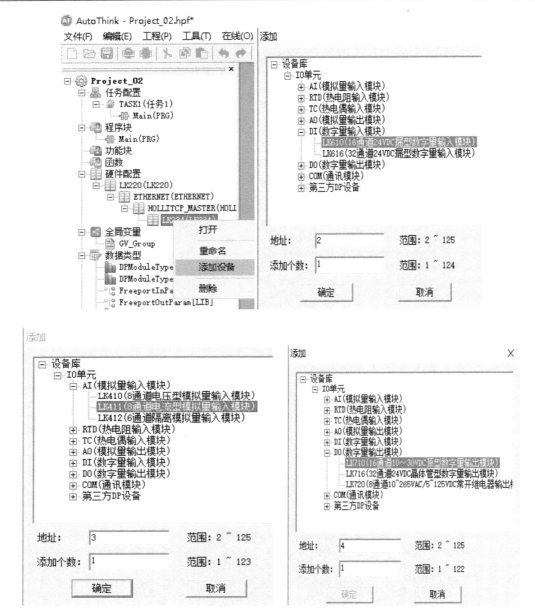

图 5.19　添加从站

（4）测点组态。鼠标左键分别双击 LK610 模块、LK411 模块和 LK710 模块,按照 I/O 地址分配表的要求对模块相应通道进行组态,如图 5.20、图 5.21 和图 5.22 所示。

LK610_1(2:LK610) | LK411_1(3:LK411) | LK710_1(4:LK710)

设备配置 | 通道 | 信息 |

0_16 Channels DI

通道号	通道名称	通道类型	通道地址	通道说明 ▽
1	DI_0	BOOL	%IX20.0	粗格栅运行状态反馈
2	DPIO_2_1_4_2	BOOL	%IX20.1	
3	DPIO_2_1_4_3	BOOL	%IX20.2	
4	DPIO_2_1_4_4	BOOL	%IX20.3	

图 5.20　LK610 模块组态

LK610_1(2:LK610) | LK411_1(3:LK411) | LK710_1(4:LK710)

设备配置 | 通道 | 信息 |

0_8 Channels AI

通道号	通道名称	通道类型	通道地址	通道说明
1	AI_1	WORD	%IW4	粗格栅前液位输入
2	AI_2	WORD	%IW6	粗格栅后液位输入
3	DPIO_2_1_3_3	WORD	%IW8	
4	DPIO_2_1_3_4	WORD	%IW10	

图 5.21　LK411 模块组态

LK610_1(2:LK610) | LK411_1(3:LK411) | LK710_1(4:LK710)

设备配置 | 通道 | 信息 |

0_16 Channels DO | 1_DO Read Back

通道号	通道名称	通道类型	通道地址	通道说明
1	Q0_0	BOOL	%QX0.0	粗格栅启动指令
2	Q0_1	BOOL	%QX0.1	粗格栅停止指令
3	DPIO_2_1_2_3	BOOL	%QX0.2	
4	DPIO_2_1_2_4	BOOL	%QX0.3	

图 5.22　LK710 模块组态

3. 梯形图设计

（1）添加程序。添加名称为 Grille 的程序，编程语言根据需要可选择梯形图 LD，如图 5.23 所示。

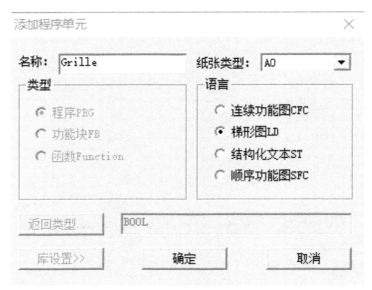

图 5.23　添加 Grille 程序

（2）调用程序。打开主程序"Main"界面,鼠标右键选中子程序"Grille"并将其拖拽至主程序 Main,进行调用。

图 5.24　调用 Grille 程序

（3）定义中间变量。根据控制要求定义相关变量,如图 5.25 所示。

Grille(PRG):ld

序号	变量名	直接地址	变量说明	变量类型	初始值	掉电保护	SOE 使能
0001	Time_Level_Select		定时液位差模式选择-默认定时方式	BOOL	FALSE	FALSE	
0002	Interval_Time_SP		间隔时间设定-分钟	DWORD	0	FALSE	
0003	Work_Time_SP		工作时间设定-分钟	DWORD	0	FALSE	
0004	Level_Difference_PV		液位差当前值	REAL	0	FALSE	
0005	Level_Difference_H_SP		液位差上限设定值	REAL	0	FALSE	
0006	Level_Difference_L_SP		液位差下限设定值	REAL	0	FALSE	
0007	Work_Time_PV		工作计时当前值-分钟	DWORD	0	FALSE	
0008	ET2		格栅机工作计时-毫秒	TIME	T#0MS	FALSE	
0009	ET1		格栅机空闲计时-毫秒	TIME	T#0MS	FALSE	
0010	Interval_Time_PV		空闲计时当前值-分钟	DWORD	0	FALSE	
0011	TP1		启动脉冲定时器	TP		FALSE	
0012	TP2		停止脉冲定时器	TP		FALSE	
0013	TP3		启动脉冲定时器	TP		FALSE	
0014	TP4		停止脉冲定时器	TP		FALSE	
0015	TON1		空闲计时器	TON		FALSE	
0016	TON2		运行计时器	TON		FALSE	
0017	Time_Start		时序控制方式启动	BOOL	FALSE	FALSE	
0018	Level_Start		液位差控制方式启动	BOOL	FALSE	FALSE	
0019	Level_Stop		液位差控制方式停止	BOOL	FALSE	FALSE	
0020	Time_Stop		时序控制方式停止	BOOL	FALSE	FALSE	
0021	HEX_ENGIN1		模拟量信号转换1	HEX_E...		FALSE	
0022	AI1		粗格栅前液位值	REAL	0	FALSE	
0023	AI2		粗格栅后液位值	REAL	0	FALSE	
0024	HEX_ENGIN2		模拟量信号转换2	HEX_E...		FALSE	

图 5.25　定义中间变量

（4）编写程序，并在线调试运行。根据控制要求，粗格栅为双电控方式，可按时序控制，也可根据液位差自动控制，根据模式选择开关"Time_Level_Select"进行选择。图 5.26 所示为粗格栅时序控制梯形图，其中间隔时间、工作时间均可自行设定。

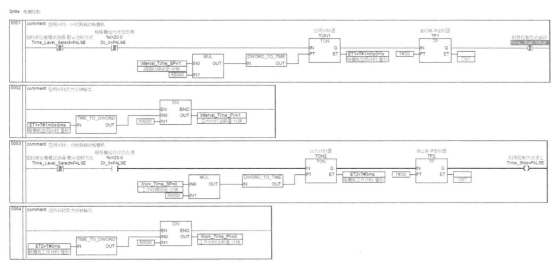

图 5.26　粗格栅时序控制梯形图

　　图 5.27 所示为粗格栅液位差控制方式梯形图。在该控制方式下,当粗格栅前、后液位差值大于设定上限值时自动启动;当粗格栅前、后液位差值小于设定下限值时自动停止,其中液位差上限和下限值可手动调整。

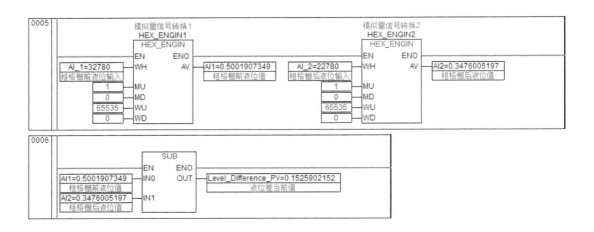

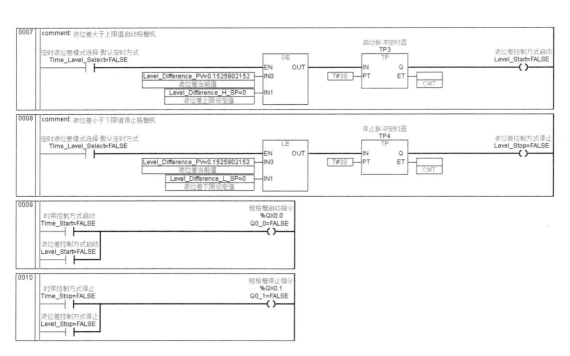

图 5.27　粗格栅液位差控制方式梯形图

5.3　可燃气体检测报警及强制排风系统 PLC 控制

5.3.1　控制要求

1. 工艺概述

油田地面站场为确保生产安全,均在可燃气体易积聚和易泄漏处安装可燃气体检测报警系统。为防范可燃气体超限时带来的安全风险,可配合使用轴流风机进行强制通风。图5.28 所示为可燃气体检测报警及强制排风系统工艺流程。

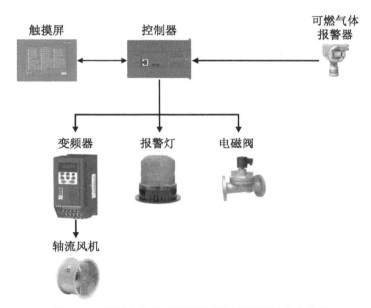

图 5.28　可燃气体检测报警及强制排风系统工艺流程

2. 控制要求说明

(1)可燃气体报警器采集站场区域甲烷气体浓度,以 4~20 mA 电流信号将气体浓度传送至控制器。控制器根据浓度值设定两级声光报警,当气体浓度达到爆炸下限浓度(LEL)的 25% 时触发一级报警,报警灯以 1 Hz 频率闪烁;当气体浓度达到爆炸下限浓度(LEL)的50% 时触发二级报警,报警灯以 4 Hz 频率闪烁。

(2)触摸屏可对检测的甲烷气体浓度值进行显示,并具备远程启动和停止轴流风机功能。

(3)轴流风机具备现场手动启动和停止功能,自动状态下受变频器控制,可在一级和二级报警触发时,改变风机转速,一级报警时频率为 20 Hz,二级报警时频率为 40 Hz。

(4)当触发二级报警后启动联锁关闭管路电磁阀。

(5)控制器、触摸屏、变频器三者采用 Modbus RTU 通信,其中触摸屏与控制器通信时,触摸屏为主站,控制器为从站;控制器与变频器通信时,控制器为主站,变频器为从站。

5.3.2　I/O 信号及 I/O 编址

根据可燃气体检测报警及强制排风系统 PLC 控制要求可知,该系统包括模拟量输入信号 1 个,开关量输入信号 2 个,开关量输出信号 2 个。可燃气体检测报警及强制排风系统 I/O 地址分配表见表 5.3。

表 5.3　可燃气体检测报警及强制排风系统 I/O 地址分配表

位号	位号说明	数据类型	位号类型	位号通道地址
AI01_01	可燃气体报警器测量值	REAL	AI	%IW4
DI01_01	变频器现场手动启动按钮	BOOL	DI	%IX0.2
DI01_02	变频器现场手动停止按钮	BOOL	DI	%IX0.3
DO01_01	报警指示灯	BOOL	DO	%QX0.2
DO01_02	管道电磁阀	BOOL	DO	%QX0.3

5.3.3　控制程序设计

1. 创建工程

（1）新建工程 test_01,目标平台选择 LE CPU,如图 5.29 所示。

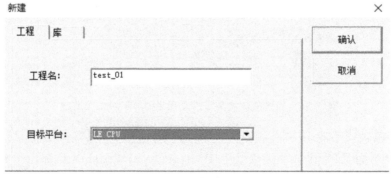

图 5.29　新建工程

（2）添加型号为 LE5118 的 CPU,并点击"确定"按钮,如图 5.30 所示。

（3）创建工程完成,如图 5.31 所示。

图 5.30　添加 CPU

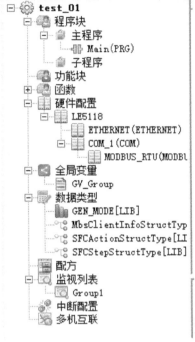

图 5.31　创建工程完成

2. 组态配置

（1）添加设备，选择 LE5330 模块与 LE5400 模块，如图 5.32 所示。

图 5.32　添加串口模块

（2）分别双击 COM_1、COM_3、COM_4，调整串口配置。串口参数设置如图 5.33 所示。Modbus RTU 通信主从设置如图 5.34 所示。

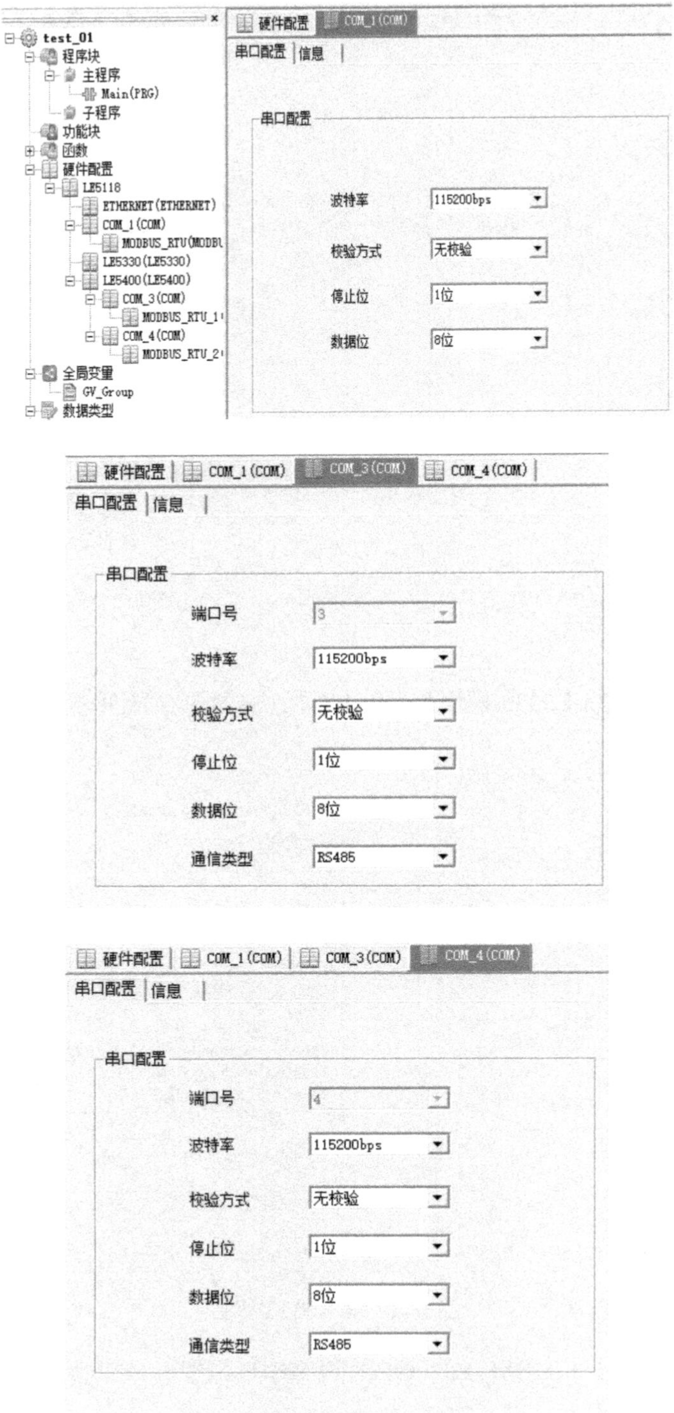
test_01
程序块
主程序
Main(PRG)
子程序
功能块
函数
硬件配置
LE5118
ETHERNET(ETHERNET)
COM_1(COM)
LE5330(LE5330)
LE5400(LE5400)
COM_3(COM)
COM_4(COM)
全局变量
GV_Group
数据类型
硬件配置
COM_1(COM)
串口配置
信息
串口配置
波特率
115200bps
校验方式
无校验
停止位
1位
数据位
8位
COM_3(COM)
COM_4(COM)
端口号
3
4
通信类型
RS485

图 5.33 串口参数设置

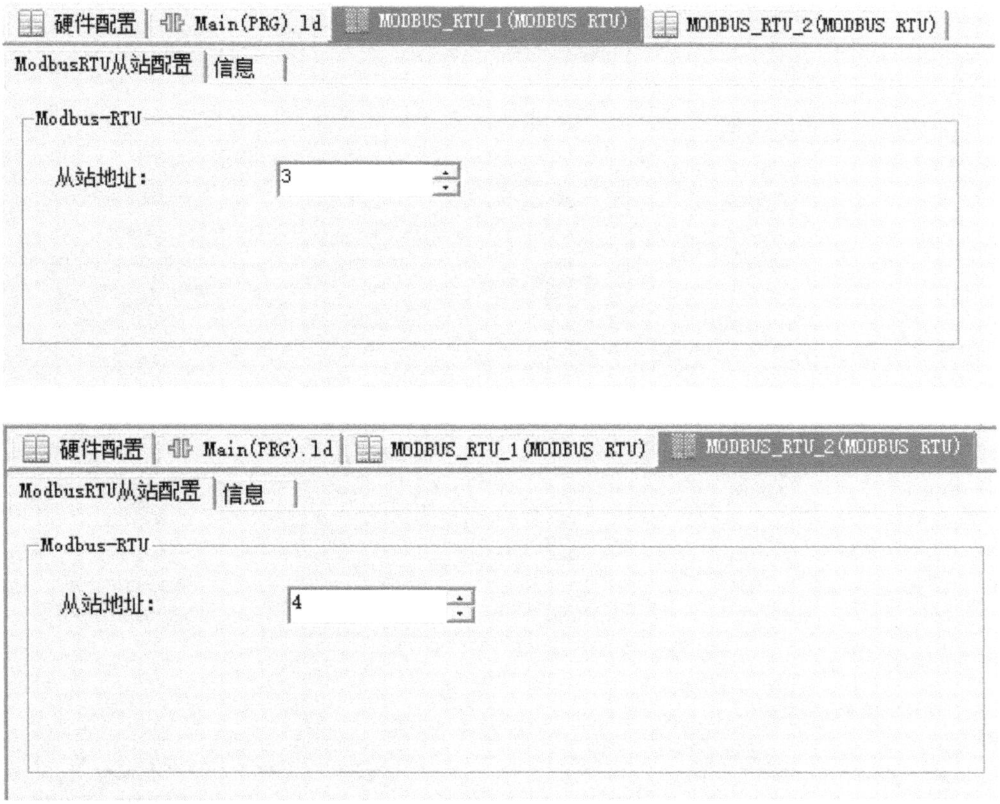

图 5.34　Modbus RTU 通信主从设置

（3）测点组态。分别双击 LE5118 模块、LE5330 模块，按照 I/O 分配表的要求对模块通道进行相应组态，如图 5.35 所示。

3. 梯形图设计

（1）定义变量如图 5.36、图 5.37 所示。

通过 Modbus RTU 通信实现对变频器参数赋值，可根据变频器手册中寄存器地址表进行赋值。以更改变频器速度为例，如寄存器单位为 0.01 Hz，对应寄存器赋值为 2 000，则此时设定频率为 20 Hz，对应寄存器可以采用内部 %MW** 寄存器，本例中采用的是 %MW200 寄存器。

（2）编写程序，并在线调试运行。根据控制要求，变频器与 PLC 之间采用 Modbus RTU 通信，根据变频器寄存器地址来控制变频器的启停。可燃气体检测报警及强制排风系统控制梯形图如图 5.38 所示。PLC 与 HMI 之间通过双绞线连接，可用触摸屏远程进行监视与控制如图 5.39 所示。也可以通过外接按钮现场进行控制。

模块参数信息 | **通道参数信息** | **通讯参数信息**

通道基本参数

通道号	通道名称	通道类型	通道地址	通道说明
2	M1_CH_2	BOOL	%IX0.1	第1位输入
3	M1_CH_3	BOOL	%IX0.2	变频器现场手动启动按钮
4	M1_CH_4	BOOL	%IX0.3	变频器现场手动停止按钮
5	M1_CH_5	BOOL	%IX0.4	第4位输入

通道M1_CH_2的参数

模块参数信息 | **通道参数信息** | **通讯参数信息**

通道基本参数

通道号	通道名称	通道类型	通道地址	通道说明
23	M1_CH_23	BOOL	%IX2.6	第22位输入
24	M1_CH_24	BOOL	%IX2.7	第23位输入
25	M1_CH_25	BOOL	%QX0.0	第0位输出（晶体管）
26	M1_CH_26	BOOL	%QX0.1	第1位输出（晶体管）

通道M1_CH_27的参数

模块参数信息 | **通道参数信息** | **通讯参数信息**

通道基本参数

通道号	通道名称	通道类型	通道地址	通道说明
1	M2_CH_1	WORD	%IW4	通道1可燃气体报警器测量值
2	M2_CH_2	WORD	%IW6	通道2
3	M2_CH_3	WORD	%IW8	通道3
4	M2_CH_4	WORD	%IW10	通道4

通道M2_CH_1的参数

序号	参数名	参数值	默认值	最大值	最小值
1	通道输入信号	4-20mA	4-20mA		
2	通道使能	使能	使能		

图 5.35　模块组态

序号	变量名	直接地址	变量说明	变量类型	初始值	掉电保护
0001	e1		MODBUS通讯错误信息1	BYTE	0	FALSE
0002	e2		MODBUS通讯错误信息2	BYTE	0	FALSE
0003	BLINK1		1HZ频率闪烁	BLINK		FALSE
0004	BLINK2		4HZ频率闪烁	BLINK		FALSE
0005	BLINK3		1HZ频率闪烁	BLINK		FALSE
0006	A		中间寄存器	BOOL	FALSE	FALSE
0007	B		中间寄存器（启动）	BOOL	FALSE	FALSE
0008	HEX_ENGIN1		16进制数转换为工程量…	HEX_ENGIN		FALSE
0009	p1		可燃气体报警器测量值	REAL	0	FALSE
0010	C	%MX0.6	中间寄存器（停止）	BOOL	FALSE	FALSE
0011	P		中间寄存器（一级报警）	BOOL	FALSE	FALSE
0012	O		中间寄存器（二级报警）	BOOL	FALSE	FALSE
0013	dcf	%QX0.3	电磁阀	BOOL	FALSE	FALSE
0014	YIJIPINLV		中间寄存器（一级报警…	BOOL	FALSE	FALSE
0015	ERJIPINLV		中间寄存器（二级报警…	BOOL	FALSE	FALSE
0016	TON1		延时接通计时器1	TON		FALSE
0017	t0		计时时间	TIME	T#0MS	FALSE
0018	TON2		延时接通计时器2	TON		FALSE
0019	L1		中间寄存器（频率1HZ）	BOOL	FALSE	FALSE
0020	L2		中间寄存器（频率4HZ）	BOOL	FALSE	FALSE
0021	TON3		延时接通计时器3	TON		FALSE
0022	T3		计时时间	TIME	T#0MS	FALSE
0023	TON4		延时接通计时器4	TON		FALSE
0024	X		中间寄存器（正常状态）	BOOL	FALSE	FALSE
0025	T2		计时时间	TIME	T#0MS	FALSE
0026	T4		计时时间	TIME	T#0MS	FALSE

图 5.36　定义中间变量

序号	变量名	直接地址	变量说明	变量类型	初始值	掉电保护
0001	MODBUS_MASTER1			MODBUS_MASTER		FALSE
0002	MODBUS_MASTER3			MODBUS_MASTER		FALSE
0003	Light	%QX0.0		BOOL	FALSE	FALSE
0004	HMIstart	%MX0.0		BOOL	FALSE	FALSE
0005	HMIstop	%MX0.1	触摸屏关	BOOL	FALSE	FALSE
0006	p1		可燃气体报警器测量值	REAL	0	FALSE
0007	g1	%MW200	变频器通信命令（对应变频器地址0x7000。赋值为1代表正转运…	WORD	1	FALSE
0008	g2	%MW100		WORD	0	FALSE
0009	g3	%MW202	变频器通信速度给定	WORD	4000	FALSE
0010	g4	%MW204	变频器力矩给定	WORD	10000	FALSE
0011	g5	%MW206	力矩模式限速值（同%MW202）	WORD	4000	FALSE

图 5.37　定义全局变量

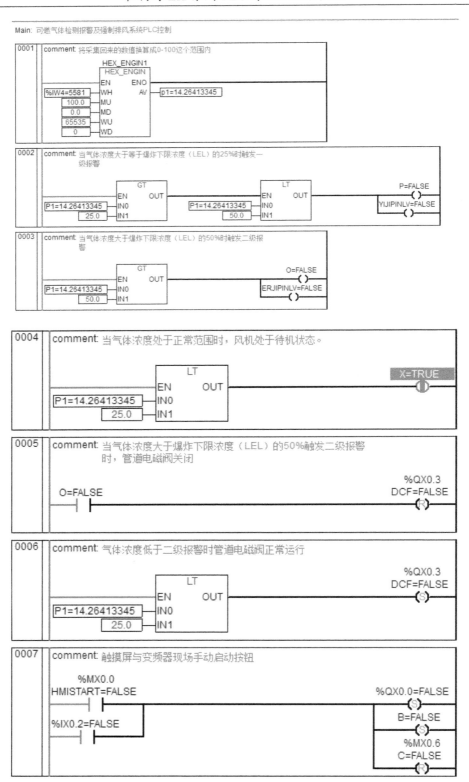

图 5.38　可燃气体检测报警及强制排风系统控制梯形图

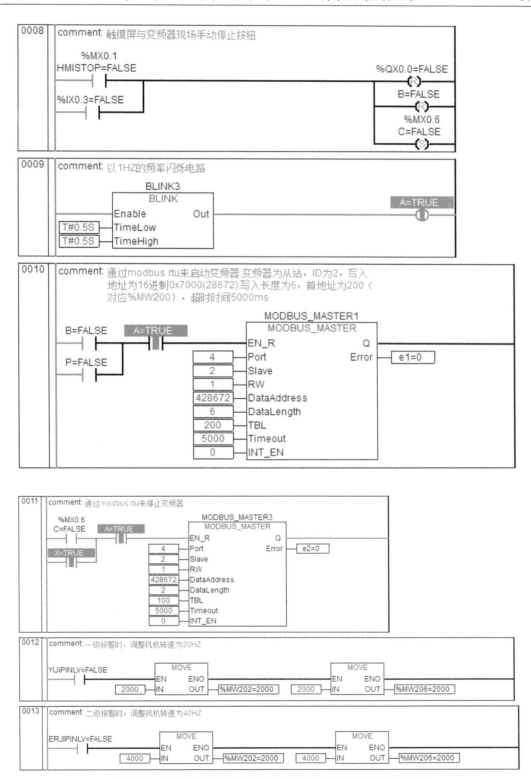

图 5.38 可燃气体检测报警及强制排风系统控制梯形图(续)

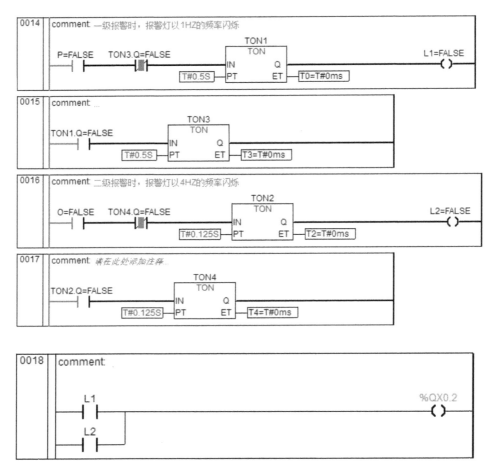

图 5.38　可燃气体检测报警及强制排风系统控制梯形图（续）

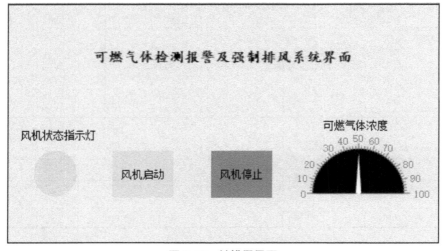

图 5.39　触摸屏界面

5.4　锅炉汽包水位单冲量控制

5.4.1　控制要求

1. 工艺概述

锅炉是电厂和化工厂常用的生产设备,为了使锅炉正常运行,必须使锅炉的水位维持在一定范围内,这就需要控制锅炉汽包的水位。

单冲量方式的锅炉汽包水位自动控制,属于一种较为简单的水位控制方式。其中,单冲量等同于汽包水位,依靠汽包水位来直接控制给水调节阀,其组成结构与控制原理相对简单易懂,操作难度不大,成本不高,因而获得广泛应用。通常情况下,该类控制方式主要将给水量作为操作变量。锅炉汽包水位单冲量控制原理示意图如图 5.40 所示。

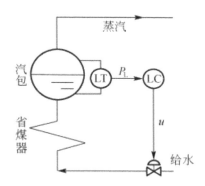

图 5.40　锅炉汽包水位单冲量控制原理示意图

2. 控制要求说明

（1）系统可根据设定值实现对汽包水位的定值控制。

（2）Factory IO 软件中提供的水罐模拟锅炉汽包,采用实物 PLC,构建半实物仿真系统。Factory IO 软件中水罐场景如图 5.41 所示。

图 5.41　Factory IO 软件中水罐场景

（3）PLC 与 Factory IO 间采用 Modbus TCP 实现通信,其中 PLC 为客户端,Factory IO 为服务器。系统组成如图 5.42 所示。

客户端　　　　　　　　　　　　　服务器

图 5.42　系统组成

5.4.2　I/O 信号及 I/O 编址

根据锅炉汽包水位单冲量控制系统要求可知,该系统包括模拟量信号 6 个。锅炉汽包水位单冲量控制系统 I/O 地址分配表见表 5.4。

表 5.4　锅炉汽包水位单冲量控制系统 I/O 地址分配表

位号	位号说明	数据类型	位号类型	信号通道地址
AI01_01	液位设定值	WORD	AI	%MD0
AI01_02	液位测量值	WORD	AI	%MD4
AO01_01	进水阀开度	INT	AO	%MW40
AO01_02	出水阀开度	INT	AO	%MW42
AO01_03	测量液位显示值	WORD	AO	%MW2
AO01_04	设定液位显示值	WORD	AO	%MW6

5.4.3　控制程序设计

1. 创建工程

（1）新建工程 Level_PID_Ctrl,选择目标平台为 LE CPU,如图 5.43 所示。

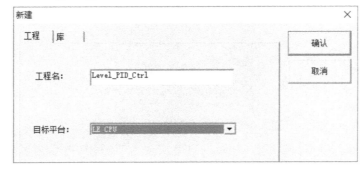

图 5.43　新建工程

（2）添加型号为 LE5108 的 CPU，并点击"确定"按钮，如图 5.44 所示。

图 5.44　添加 CPU

（3）创建工程完成，如图 5.45 所示。

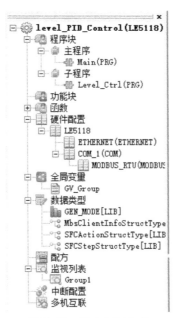

图 5.45　创建工程完成

2. 梯形图设计

（1）按照控制要求定义中间变量和全局变量，如图 5.46、图 5.47 所示。

序号	变量名	直接地址	变量说明	变量类型	在线值	掉电保护
0001	Act_liquid		实际液位	REAL	0	FALSE
0002	Up_Limit		水位上限	BOOL	FALSE	FALSE
0003	Down_limit		水位下限	BOOL	FALSE	FALSE
0004	SHANGXIAN		报警上限	BOOL	FALSE	FALSE
0005	XIAXIAN		报警下限	BOOL	FALSE	FALSE
0006	PIANCHA		偏差	REAL	0	FALSE
0007	pid1		PID调节器	PID		FALSE
0008	tiaoshi_js		（调试）进水	BOOL	FALSE	FALSE
0009	tiaoshi_tz		（调试）停止	BOOL	FALSE	FALSE
0010	tiaoshi_ps		（调试）排水	BOOL	FALSE	FALSE
0011	shoudong		手动按钮	BOOL	FALSE	FALSE
0012	temp		转换后的液位设定值	REAL	0	FALSE
0013	level_sp		液位设定值转换	HEX_ENGIN		FALSE
0014	sp1		液位设定值	DINT	0	FALSE
0015	value		控制器输出值转换	HEX_ENGIN		FALSE
0016	value_control		控制器输入REAL型	REAL	0	FALSE
0017	mvzhi_real		控制器输出real型	REAL	0	FALSE
0018	mvzhi_dint		控制器输出dint型	DINT	0	FALSE
0019	level_pv		当前液位值	DINT	0	FALSE
0020	temp1		转换后的当前液位	REAL	0	FALSE
0021	level_tf		当前液位值转换	HEX_ENGIN		FALSE
0022	p		比例	REAL	0	FALSE
0023	i		积分	REAL	0	FALSE
0024	d		微分	REAL	0	FALSE

图 5.46　定义中间变量

序号	变量名	直接地址	变量说明	变量类型	初始值	掉电保护
0001	ModbusTcpSlaveConfig1		Modbus TCP从站配置	MODBUSTCPSLAVECONFIG		FALSE
0002	SET_Done		配置完成	BOOL	FALSE	FALSE
0003	Com_Error		通信错误状态	BOOL	FALSE	FALSE
0004	ComError_ID		错误代码	BYTE	0	FALSE
0005	done		通信完成	BOOL	FALSE	FALSE
0006	error		通信错误状态	BOOL	FALSE	FALSE
0007	errorid		错误代码	BYTE	0	FALSE
0008	ModbusTcpSlaveMsg1		Modbus TCP从站消息	MODBUSTCPSLAVEMSG		FALSE
0009	kaishi		通信开始	BOOL	FALSE	FALSE

图 5.47　定义全局变量

（2）编写程序，并在线调试运行。根据控制要求，通过 Factory IO 软件模拟锅炉汽包水位（参考图 5.41），通过 Modbus TCP 通信实现 Factory IO 与 PLC 之间的通信。主程序 Main 的组态逻辑如图 5.48 所示。

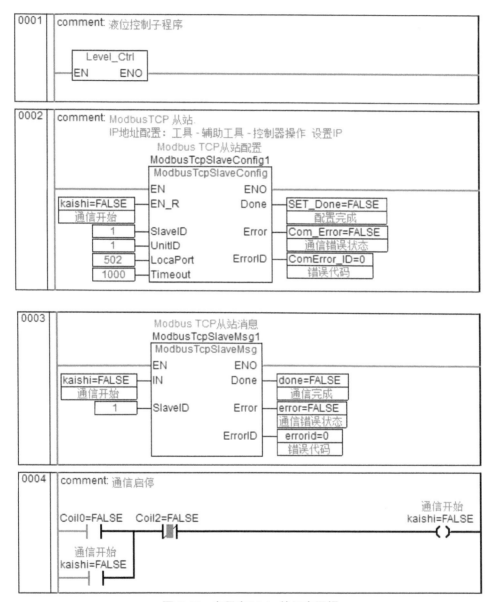

图 5.48 主程序 Main 的组态逻辑

子程序 Level_Ctrl 的组态逻辑如图 5.49 所示。

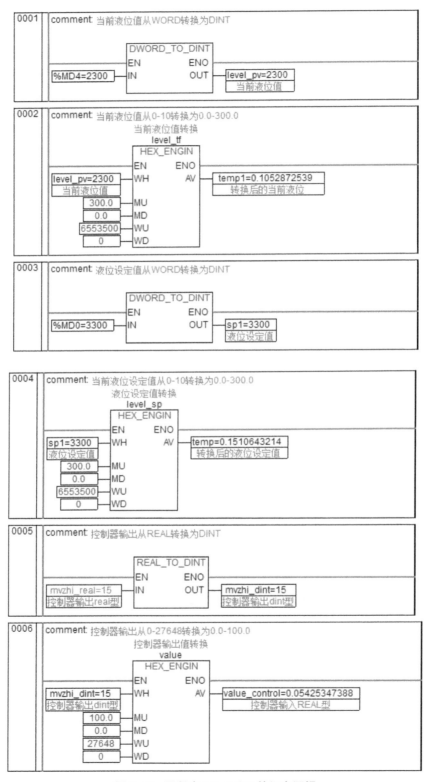

图 5.49　子程序 Level-Ctrl 的组态逻辑

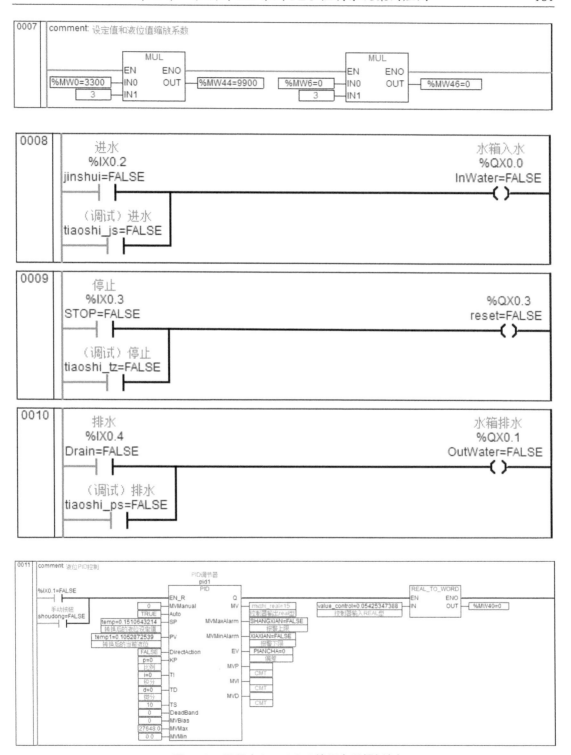

图 5.49　子程序 Level-Ctrl 的组态逻辑（续）

【本章小结】

本章主要介绍了 LK 系列和 LE 系列 PLC 的工程应用。从不同行业的角度出发,分别通过 4 个典型案例介绍了 PLC 控制系统的硬件选型配置及软件设计的方法。其中案例一是从化工行业的角度对指令系统的场景应用进行了综合介绍;案例二是对城市供水系统粗格栅的两种不同控制方法的应用的介绍;案例三是对 LE 系列 PLC 中 Modbus-RTU 通信在石化行业可燃气体检测报警及强制排风系统控制中应用的介绍;案例四是对 LE 系列 PLC 中 Modbus-TCP 通信在锅炉汽包水位单冲量控制系统中应用的介绍。

参考文献

[1] 张东明，文友先. PLC 的发展历程及其在生产中的应用 [J]. 现代农业装备，2007（9）：60-64.

[2] 施尚英. PLC 的现状与发展浅谈 [J]. 科技信息（学术研究），2007（31）：500.

[3] 邬惠峰. 浅谈可编程逻辑控制器（PLC）的技术现状和发展趋势 [J]. 自动化博览，2022，39（4）：18-21.

[4] 彭瑜. 开放流程自动化的标准和系统编排技术 [J]. 自动化仪表. 2021，42（5）：1 - 5，13.

[5] IEC. IEC 61131-3 Standard-Programmable Controllers-Part 3：programming languages[S]. Geneva：International Electrotechnical Commission，2013：87-88.

[6] 濮海坤. PLC 的编程语言与编程注意事项 [J]. 价值工程，2013，32（36）：235-236.